Gerhard Börner
Schöpfung ohne Schöpfer?

Gerhard Börner

Schöpfung ohne Schöpfer?

Das Wunder des Universums

Deutsche Verlags-Anstalt
München

Bibliografische Information Der Deutschen Bibliothek
Die Deutsche Bibliothek verzeichnet diese Publikation
in der Deutschen Nationalbibliografie; detaillierte
bibliografische Daten sind im Internet über
<http://dnb.ddb.de> abrufbar.

FSC
Mix
Produktgruppe aus vorbildlich
bewirtschafteten Wäldern und
anderen kontrollierten Herkünften

Zert.-Nr. SGS-COC-1940
www.fsc.org
© 1996 Forest Stewardship Council

Verlagsgruppe Random House FSC-DEU-0100
Das für dieses Buch verwendete FSC-zertifizierte Papier *EOS*
liefert Salzer, St. Pölten.

1. Auflage
Copyright © 2006 Deutsche Verlags-Anstalt, München,
in der Verlagsgruppe Random House GmbH
Alle Rechte vorbehalten
Satz und Layout: Boer Verlagsservice, München
Gesetzt aus der Minion Pro
Druck und Bindung: GGP Media GmbH, Pößneck
Printed in Germany
ISBN 10: 3-421-05909-8
ISBN 13: 978-3-421-05909-3

www.dva.de

Für Mara

Inhalt

1 Einführung

Das Wunder des Universums

Die Sterne über dem Observatorium in der Wüste Arizonas erstrahlten in ungewohnter Klarheit und Helligkeit. Deutlich trat das breite Lichtband der Milchstraße hervor. In den Kuppeln begannen die Astronomen ihre Arbeit, schleppten flüssigen Stickstoff zur Kühlung ihrer Instrumente herbei, überprüften deren Funktionstüchtigkeit zu Beginn der Nacht und richteten dann ihre Teleskope auf entfernte Galaxien und Sternhaufen. Als kurzzeitiger Besucher konnte ich ihnen dabei über die Schulter schauen und mit ihnen die Bilder ferner Galaxien betrachten, die vom Teleskop auf einen Bildschirm übertragen wurden.

Die kleinen Sträßchen zwischen den Kuppeln waren unbeleuchtet, damit kein Streulicht stören konnte. Auf den Wegen von einer Beobachtungsstation zur anderen hing ich Gedanken und Träumen nach über Sterne, Galaxien, das ganze Universum und seine Beziehung zum Menschen.

Noch heute kann ich die Gedanken nachempfinden, die mich damals bewegten: Staunen angesichts der riesigen Weiten im Weltall, der Wunderwelt der vielen Sterne – Rote Riesen, Weiße Zwerge, Neutronensterne und Schwarze Löcher –, der vielfältigen Formen und der großen Zahl der Galaxien, zugleich auch der Wunsch, möglichst viel und Genaues darüber zu erfahren.

Fast jeder hat wohl schon den Zauber und die geheimnisvolle Schönheit des nächtlichen Sternhimmels erfahren. »Der gestirnte Himmel in mir und das moralische Gesetz über mir ...« – mit dem abgewandelten Ausspruch Immanuel Kants beschreibt Carl-Friedrich von Weizsäcker in seinen Erinnerungen seine Gefühle, als er im Alter von zwölf Jahren mit einer Himmelskarte eifrig die Sterne studierte. Nicht nur leidenschaftliche Astronomen wollen möglichst viel über dieses Wunder des Universums erfahren, sondern viele von uns haben diesen Wunsch.

Aus Diskussionen nach Vorträgen und aus Gesprächen weiß ich, dass schon den Fakten großes Interesse entgegengebracht wird. Eine zusätzliche Motivation für die Beschäftigung mit der Astronomie besteht offenbar darin, sicheres Wissen zu erhalten über die Bedeutung des Ganzen und seinen Zusammenhang mit unserer Existenz auf der Erde.

Mit diesem Buch will ich versuchen, das heutige naturwissenschaftliche Weltbild verständlich darzustellen und es in seiner Bedeutung für unser Selbstverständnis einzuordnen. Zunächst will ich daher eine Bestandsaufnahme der grundlegenden naturwissenschaftlichen Erkenntnisse durchführen, anschließend die Verknüpfungen mit philosophischen und theologischen Fragestellungen erörtern. Ich hoffe natürlich, dass es mir gelingt, Leser für die naturwissenschaftlich belegbaren Wunder des Universums zu begeistern und zu eigenem Nachdenken anzuregen.

Wichtig erscheint mir, klar zwischen gesichertem Wissen und spekulativer Theoriebildung im naturwissenschaftlichen Bereich zu unterscheiden und eine deutliche Grenze um den Geltungsbereich der Naturwissenschaften zu ziehen. Innerhalb ihrer Gültigkeitsgrenzen bestimmt die Naturwissenschaft, was wahr und was falsch ist, und naturwissenschaftliche Erkenntnisse können nicht durch Behauptungen, die aus Nichtwissen stammen, in Frage gestellt werden. Dabei nehme ich selbstverständlich an, dass es Fragen gibt, die nicht innerhalb der Naturwissenschaften beantwortet werden können.

Die alten Fragen »Woher kommen wir?«, »Wohin gehen wir?« haben in der modernen Kosmologie und Biologie zum Teil eine Antwort erhalten: Wir sind das vorläufige Ergebnis einer langen Kette von Entwicklungen in einem Kosmos, in dem kein Atom verloren geht und in dem unser Leben sogar mit der Entwicklung der Sterne in Verbindung steht. Die komplexe Struktur des Universums, seine Entstehung im Urknall und die folgende Entwicklung von einem diffusen Gas zum komplexen System der Galaxien, gehen weit über unsere Alltagserfahrung hinaus und stehen oft in Widerspruch zum gesunden Menschenverstand. Selbst Raum und Zeit entstehen im Urknall und vergehen in den

Schwarzen Löchern, können also nicht länger die absoluten Kategorien für unsere Erfahrung sein. Vielleicht ist unsere raum-zeitliche Existenz nur ein Teilaspekt der Wirklichkeit?

Die frappierenden Erkenntnisse der Physiker erschließen den Mikrokosmos, in dem unsere solide Alltagswelt von einem Untergrund aus Teilchen und immateriellen Feldern getragen wird. Deren quantenmechanisch bedingtes, unvorhersagbares Verhalten lässt sogar Zweifel aufkommen an der Vorstellung einer objektiv gegebenen, dem Beobachter gegenüberstehenden Welt.

Bei unserem Streifzug durch die reale Welt werden wir auf wirklich wunderbare Dinge stoßen, die nichts von ihrem Zauber verlieren, wenn wir sie besser verstehen und genauer beschreiben.

Mit all diesen Erörterungen ist die Grundfrage des Titels: »Schöpfung ohne Schöpfer?« untrennbar verwoben. Obwohl ich keine endgültige Antwort geben kann, hoffe ich doch, dass im Buch deutlich wird, wie die Erkundung der Grenzen der naturwissenschaftlichen Weltbeschreibung den Blick für die Bedeutung von Glaubensaussagen öffnet. Ob man auf die Frage des Titels mit »ja« oder mit »nein« antworten will, kann nicht durch die Naturwissenschaft bestimmt werden, sondern bleibt die persönliche Entscheidung jedes Einzelnen.

Steckt etwas dahinter?

Wir finden uns in einer Welt vor, die wir weitgehend naturwissenschaftlich erklären können, ohne aber dadurch ihren Zauber zu vertreiben. Im Gegenteil, je mehr wir verstehen, desto größer erscheint uns das Wunder des Universums. Wie weit reichen die Erkenntnisse der Naturwissenschaft? Dieser Frage will ich in diesem Buch nachgehen und zeigen, wie faszinierend die Bilder und Ideen sein können, selbst wenn wir uns auf Physik und Biologie beschränken. Natürlich wollen wir auch wissen, ob dem Ganzen irgendeine Bedeutung für unser eigenes Leben zukommt. In einem ganz einfachen Sinn ist dies selbstverständlich so, denn diese naturwissenschaftlichen Zusammenhänge sind die Voraussetzung für unsere eigene Existenz. Vom Tanz der Elektronen im Atom bis zum Reigen der Sterne in der Galaxis spielt alles zusammen und bringt schließlich auch uns auf dem, gemessen an der Weite des Alls, kleinen, unbedeutenden Planeten Erde hervor.

Aber ist das schon alles? Sind wir nur ein Produkt von raffinierten physikalischen, chemischen und biologischen Prozessen, ein zufälliges Ereignis im Weltgeschehen, das genauso hätte unterbleiben können? Diese Frage mit ja zu beantworten, fiele uns gefühlsmäßig schwer. Irgendeinen tieferen Sinn möchten wir unserer Existenz und den Geschehnissen im Universum doch zuweisen. Die Naturwissenschaft schweigt dazu. Sie schweigt mit gutem Recht, denn sie beschränkt sich darauf, Zusammenhänge in der Welt aufzuzeigen mit dem Ziel, letzten Endes alles Erkennbare auf physikalische Vorgänge zurückzuführen. Auch chemische und biologische Prozesse laufen ja nach physikalischen Gesetzmäßigkeiten ab. Damit ist aber nicht gesagt, dass die gesamte Wirklichkeit durch diesen Zugang erfasst sein muss.

Es kann nicht schaden, wenn wir uns zunächst vor Augen führen, wie sonderbar manche Dinge sind, selbst solche, mit denen wir täglich umgehen. Das Licht etwa, die Radio- und Mikrowellen, die Röntgenstrahlung – das sind alles elektromagnetische Wellen, die sich nur durch ihre Wellenlänge unterscheiden. Nach der Quantenmechanik kann man diese Wellen auch als Ströme von Strahlungsquanten auffassen, und im photokinetischen Effekt, den Albert Einstein im Jahre 1905 erklärte, zeigt sich die Teilchennatur des Lichts. Aber diese uns wohlvertraute elektromagnetische Strahlung ist kein Strom materieller Teilchen oder ein schwingendes Material, wie eine schwingende Saite. Sie wirkt zwar auf die Materie ein und veranlasst die Elektronen zu Schwingungen, ist aber selbst immateriell; sie bestimmt die Form möglicher Wirkungen auf die geladenen Teilchen. Als Form und Muster kann sie empfangen und ausgesandt werden, doch benötigt sie für ihre Ausbreitung kein Medium.

Im 19. Jahrhundert hielt man das für unmöglich und postulierte daher die Existenz des Äthers, einer überall vorhandenen Substanz, in der sich die elektromagnetischen Wellen ausbreiten könnten, wie die Wellen im Wasser. Albert Einstein zeigte dann mit der Formulierung seiner speziellen Relativitätstheorie, dass der Äther ein überflüssiges Postulat war. Elektromagnetische Wellen breiten sich im leeren Raum aus ohne ein materielles Substrat, sie existieren als reine Form, immateriell, aber doch als reale Objekte der physikalischen Welt. Wirklich »verstehen« lässt sich das nicht, im Sinne der Rückführung auf eine mechanistische Welt, in der alles durch die Lageänderungen kleinster Teilchen bewirkt wird. Wir müssen uns einfach daran gewöhnen. Die Physiker sprechen vom elektromagnetischen »Feld«, wenn sie dieses Objekt bezeichnen.

Noch gewöhnungsbedürftiger sind die grundlegenden Theorien der Elementarteilchen, die jedes materielle Teilchen als Anregungszustand fundamentaler Felder beschreiben. Hier zerbröselt die feste klassische Welt unter den Kugelschreibern der Theoretiker. Was die Welt im Innersten zusammenhält scheint eher eine Form, ein geistig-mathematisches Prinzip zu sein, als etwas materiell Greifbares.

Der Versuch, ein objektives Modell der Wirklichkeit durch die Reduktion auf physikalische Abläufe zu konstruieren, hat eine offenkundige und bemerkenswerte Konsequenz: Das bewusst erlebende Subjekt wird auf Grund der Methode von vornherein aus dem Weltbild ausgeklammert, obwohl es doch eigentlich dieses Bild erschaffen hat. Kann das gut gehen? Das heißt, wird es gelingen, die Beschreibung der Welt als objektive Realität konsequent durchzuführen?

Wir werden sehen, dass dieses Projekt bereits auf der vergleichsweise einfachen Stufe der Quantenmechanik zu scheitern droht. Die Trennung der Welt in Subjekt und Objekt gerät schon dann in Schwierigkeiten, wenn man bestimmte Experimente interpretieren will: Ein Paradebeispiel ist der Durchgang von Elektronen durch zwei Spalte in einem Metallschirm. Wie wir noch genauer besprechen werden, ist das merkwürdige Resultat, dass die Elektronen sich entweder wie kleine Teilchen verhalten, deren Treffer auf einem hinter dem Schirm liegenden Detektor sich ganz normal überlagern, oder aber wie Wellen, die auf dem Detektorschirm deutliche Interferenzerscheinungen zeigen. Es ist schon seltsam genug, dass die Elektronen sowohl als Teilchen wie als Welle agieren können, während in unserer Vorstellung ein Objekt nur entweder Teilchen (kompakt, auf einen kleinen Raumbereich beschränkt) oder Welle (über einen weiten Raumbereich ausgedehnt mit Interferenzerscheinungen) sein kann. Bei den Elektronen im Doppelspaltexperiment wird die Sache aber noch seltsamer: Wir können die Versuchsanordnung so einstellen, dass bei jedem Elektron registriert werden könnte, welchen Spalt es durchquert. Führen wir diese Registrierung tatsächlich durch, ergibt sich das Teilchenbild, verzichten wir auf die Registrierung, treten die Interferenzmuster des Wellenbildes auf. Je nachdem, ob sie beim Spaltdurchgang beobachtet werden oder nicht, erscheinen die Elektronen also als Teilchen oder als Wellen.

Quantenobjekte wie die Elektronen verhalten sich also anders als klassische kleine Teilchen, denn ihnen scheint ein gewisser Entscheidungsspielraum zugänglich, was den absoluten Determinismus der klassischen Welt, bei dem ein Zustand streng kausal den nächstfolgenden bestimmt, aufhebt.

In der mathematischen Formulierung der Quantenmechanik trägt man dem Rechnung, indem man ein System durch die Überlagerung einer Anzahl möglicher Zustände beschreibt, von denen jeweils einer bei einer Messung mit einer bestimmten Wahrscheinlichkeit auftritt. Die Gesamtheit aller möglichen Zustände, von den Physikern »Wellenfunktion« genannt, folgt durch Naturgesetze wohldeterminiert einer bestimmten zeitlichen Entwicklung, doch das einzelne Messresultat stellt sich rein zufällig ein.

In der Praxis hat sich die Quantenmechanik sehr bewährt und Berechnungen atomarer Prozesse mit außerordentlicher Genauigkeit in perfekter Übereinstimmung mit den Experimenten erlaubt.

Zur richtigen Interpretation der Quantenmechanik werden immer noch lebhafte Diskussionen geführt. Dabei geht es vor allem darum, ob die sogenannte »Kopenhagener Deutung«, wie sie von dem dänischen Begründer der Quantenmechanik Niels Bohr und seinen Mitarbeitern vorgeschlagen wurde, noch Gültigkeit besitzen kann. Sie besagt, dass das Resultat eines Experiments erst dann Realität wird, das heißt, dass ein bestimmter makroskopischer Messwert vorliegen kann, wenn ein Beobachter die Messung zur Kenntnis nimmt. Bis zu diesem Zeitpunkt befindet sich das System in einem eigentümlichen Zwischenbereich, in dem die Wellenfunktion alle möglichen Zustände enthält. Erst wenn ein Beobachter hinzukommt, wird einer der Zustände ausgewählt. Zweifel an dieser Deutung stellen sich ein, weil nicht klar ist, wie der Beobachter und das quantenmechanische Objekt zu trennen sind. Man kann Teile des Messvorgangs bis zur Aktivierung eines sensorischen Zentrums im Gehirn des Beobachters noch mit zum quantenmechanischen System zählen, so dass die wirkliche Trennung erst durch einen Bewusstseinsakt des Beobachters erfolgt. Hier scheint eindeutig der Ansatz der objektiven Weltbeschreibung verlassen, und gerade dieser Aspekt der Kopenhagener Deutung motiviert viele Physiker, nach anderen Interpretationen zu suchen. Wir werden darauf im dritten Teil des Buches weiter eingehen. Erscheint hier ein wirkliches Dilemma, weil die Trennung in Subjekt und objektive Welt unmöglich wird, oder ist dies nur ein Hinweis darauf, dass die Quantenmechanik selbst noch verändert werden muss?

Ich glaube nicht, dass hier schon eine Grenze erscheint, die sozusagen das Transzendente, das Bewusstsein, den Geist in die Welt bringt. Allerdings sind einige Naturwissenschaftler anderer Ansicht. Sie vermuten, dass die Quantenwelt gerade durch das Einbeziehen des Beobachters einen ganzheitlichen Charakter erhält, der über das objektive Weltbild hinausgeht. Nach ihren Vorstellungen sieht man durch die Quantenmechanik ein anderes grundlegendes Konstruktionsprinzip der Welt, anders als die Vorstellung einer sich selbst organisierenden Materie, die durch die klassische Physik nahe gelegt wird: Die Quantenwelt wird erst dann Realität, wenn sie sich im Bewusstsein eines Beobachters spiegelt. Welche Art von Bewusstsein ist dazu nötig? Muss es das eines theoretischen Physikers sein? Gab es vor dem Auftreten bewusst erlebender Beobachter keine reale Welt? Das wäre natürlich eine extreme Sicht der Dinge.

Wir wollen uns hier mit Spekulationen zurückhalten und die Verhältnisse der Quantenwelt nicht als Beweis für eine Transzendenz der realistischen Weltsicht deuten, geschweige denn einen Gottesbeweis daraus ableiten. Immerhin wollen wir festhalten, dass die Welt im Quantenbereich anders ist als in der klassischen normalen Welt, denn der strenge Determinismus, der einem System aus klassischen Teilchen auferlegt ist, gilt darin nicht mehr. Es gibt die freie Wahl zwischen verschiedenen Möglichkeiten für ein Quantensystem, der Zufall bestimmt seine Entwicklung mit. Auch wenn wir uns selbst nur als System aus Atomen und Molekülen sehen, so liegt doch schon in diesem Wirken des Zufalls begründet, dass wir mehr sind als ein mechanistisch funktionierender Automat. Ein Mehr an Freiheit, als diese zufällige Auswahl zwischen möglichen Konfigurationen, kann es für ein System aus Elektronen, Atomen und elektrischen Feldern nicht geben.

Durch die Erkenntnisse der Physik werden wir auch erfahren, dass Raum und Zeit nicht so unumstößlich vorgegebene Eigenschaften der Wirklichkeit sind, wie uns die Alltagserfahrung glauben macht.

Raum und Zeit entstehen im Urknall und vergehen am Endpunkt des Kollapses großer Massen in den Schwarzen Löchern. Die Schwarzen Löcher und der Urknall sind Bereiche, in denen unsere besten physikalischen Theorien noch nicht ausreichen, um zu beschreiben, was dort abläuft. Eine fundamentale Theorie muss wohl von Vorstellungen ausgehen, die über Raum und Zeit hinausreichen. Wir müssen also auch ins Auge fassen, dass es etwas geben könnte, das nicht in Raum und Zeit existiert, etwas, das unserer Erfahrung unzugänglich ist.

Vielleicht sind dies nur die Grenzen unseres heutigen Wissens, vielleicht markieren sie aber auch einen fundamentalen Endpunkt der objektiven physikalischen Welterklärung. Im Moment wissen wir dies nicht, aber das muss nicht so bleiben. Als Optimist erwarte ich noch tiefe, neue Einsichten von der naturwissenschaftlichen Forschung.

Natürlich würden wir alle auch gerne mehr über den Sinn des kosmischen Schauspiels erfahren. Ist die Entwicklung zu höheren

Organisationsformen der Materie und zu immer größerer Komplexität einfach eine Folge der guten Rezepte, nämlich der physikalischen Gesetze, oder steckt ein Plan dahinter?

Im Rahmen der Physik müssen wir damit zufrieden sein, die Konsequenzen der physikalischen Gesetze zu ergründen. Die Bahn eines geladenen Teilchens oder die zeitliche Veränderung eines Systems von Atomen erscheint völlig sinnfrei. Bedeutung erhält das physikalische Geschehen nur durch die Interpretation des Beobachters. In diesem Sinne können wir manche Erkenntnisse der modernen Physik als Anreiz nehmen, um etwas »metanaturwissenschaftlich« zu spekulieren. Zunächst einmal sollten wir aber klar feststellen, dass Erklärungen wie die physikalischen Modelle der Welt Fragen nach Begründungen und Sinn nicht unbedingt tangieren.

Die Frage nach dem Sinn der kosmischen Entwicklung ist wohl nur im Zusammenhang mit unseren religiösen und kulturellen Wertvorstellungen zu beantworten. Das physikalische Geschehen erscheint davon völlig unberührt. Allerdings muss es eine tiefe Beziehung zwischen den beiden Bereichen geben, denn einerseits erklärt die Naturwissenschaft unsere Kultur als Ergebnis des kosmischen Evolutionsprozesses, andererseits gehört auch das naturwissenschaftliche Weltbild zur Kultur. Das Selbstverständnis des Menschen wird ganz sicher durch die Erkenntnisse der Darwinschen Evolutionstheorie beeinflusst, um nur ein Beispiel zu nennen. Andererseits ist die Motivation, Dinge zu erforschen und zu erkennen und ganz bestimmte Forschungsgegenstände auszuwählen, durch Kultur und Religion geprägt.

»Es ist verboten, Werte und Wissen zu vermischen«, sagte Jacques Monod, ein Begründer der Molekularbiologie, und viele Naturwissenschaftler haben diesen Satz verinnerlicht und sich bescheiden in ihr Spezialgebiet zurückgezogen. Die physikalische Methode erlaubt per definitionem nur den Erkenntnisgewinn durch das Aufzeigen von Zusammenhängen im Experiment und durch theoretische Überlegungen nach dem Schema: »Wenn das Universum bestimmte Eigenschaften aufweist, dann kann mit einer gewissen Wahrscheinlichkeit Leben entstehen.« Schlüsse der

Art: »Weil intelligentes Leben entstehen sollte, ist das Universum so beschaffen, wie es ist«, führen in nicht-naturwissenschaftliche Bereiche. Auf diese Weise entstand in den Naturwissenschaften ein dicht geknüpftes Netzwerk an gesichertem Wissen. Es ist ein Fenster zur Wirklichkeit, aber ist es das einzige?

Man kann den Standpunkt vertreten, dass alles, was existiert, physikalisch-biologisch bestimmt sei. Alles ist physikalisch erklärbar, auch wenn es Zusammenhänge gibt, die wir noch nicht durchschauen. Diese Einstellung ist aber nicht innerhalb des Systems der Physik zu begründen. Als Glaubenshaltung ist sie der naturwissenschaftlichen Argumentation nicht weiter zugänglich.

Genauso wenig ist der religiöse Glaube widerlegbar, dass die Welt Gottes Schöpfung ist. Ein allmächtiger Schöpfer kann die Welt so einrichten, wie sie die Physiker vorfinden, mit Eigenschaften, die einen rein physikalischen Entstehungsprozess nahe legen.

Beide Standpunkte sind möglich. Es gilt auch, dass Naturwissenschaft und Religion in Harmonie nebeneinander bestehen können, solange nur die Naturwissenschaftler sich innerhalb ihrer Grenzen bewegen, zufrieden vor sich hin forschen und darauf verzichten, eine ausschließlich biologisch-physikalische Weltsicht für alle zu postulieren. Dies ist gegenwärtig eine sehr verbreitete Einstellung. Sie ähnelt einem Burgfrieden mit hochgezogenen Zugbrücken, bei dem kein Dialog zwischen den Theologen und Naturwissenschaftlern gewagt wird.

Man darf aber nicht die Anziehungskraft unterschätzen, die in den gesicherten Erkenntnissen der Naturwissenschaft liegt und in den verführerischen Bildern, die sie von der Entstehung und Entwicklung der Welt entwirft. Scheint es nicht so, als sei alles damit erklärbar, als sei die Hypothese eines Gottes, der die Welt geschaffen hat, wenn auch nicht widerlegbar, so doch überflüssig?

Es gibt Berührungspunkte zwischen Naturwissenschaft und Religion, die einen Dialog möglich machen. Beide zeigen verschiedene Perspektiven der Wirklichkeit auf, aber es ist doch dieselbe Wirklichkeit, die sie zu beschreiben suchen. Natürlich sind die Sprachen, in denen dies geschieht, verschieden, deshalb sollte ein Dialog vor allem übersetzen und die Bedeutung der Begriffe und Bilder in ihrem jeweiligen Geltungsbereich klarstellen.

In den letzten Jahren haben besonders Physiker und Kosmologen sich um ein einheitliches Weltbild bemüht, angeregt durch den Anspruch, eine umfassende Theorie zu formulieren, und ohne Furcht, die selbstgezogenen Grenzen der Physik zu verletzen.

Diese Versuche sollte man meiner Meinung nach als interessante Denkanstöße betrachten. Doch können sie nicht der Weisheit letzter Schluss sein, weil die Ausgangsbasis, die physikalische Naturerkenntnis, noch nicht ihre Vollendung in einer umfassenden Weltformel erreicht hat. Können wir ein vollständiges Bild der Welt entwerfen, indem wir alles Erkennbare auf physikalische Prozesse reduzieren? Der Versuch ist noch im Gange, und der Ausgang ist offen. Andererseits vertreten viele die Ansicht, dass sich in der Unbestimmtheit der Quantenphysik oder in den Feinabstimmungen der Naturkonstanten zeige, dass der Versuch scheitern werde, alles objektiv naturwissenschaftlich zu erklären. Schon die bescheidene Frage: »Warum ist das Universum so, wie wir es vorfinden, und nicht anders, wie es nach den physikalischen Gesetzen auch sein könnte?«, leitet sofort in metaphysikalische Betrachtungen über.

Bereits die Tatsache, dass es offenkundig eine Welt gibt, erfordert eine Erklärung. Kann die Physik eine Begründung geben, oder müssen wir auf die Hypothese eines Schöpfergottes zurückgreifen? Welche Schlüsse lassen sich aus der Entwicklung der Welt vom Beginn im einfachen Urknall bis zu komplexen Strukturen, wie etwa dem menschlichen Gehirn, ziehen? Gibt es einen Grund für diese Entfaltung, ein Ziel, einen Plan? Im Folgenden werden uns diese Fragen stets begleiten und sie werden vor allem im vierten Kapitel ausführlich erörtert.

2 Die Welt im Großen – vom Urknall zu den Schwarzen Löchern

Zunächst müssen wir uns in einige Erkenntnisse der modernen Kosmologie und Physik vertiefen, denn das Weltbild der Naturwissenschaft soll nicht wie ein Märchen erzählt, sondern mit soliden Tatsachen untermauert werden.

Unmittelbare Erfahrungen – ein Gedankenspiel

Begeben wir uns in Gedanken auf eine Reise, weg von unserem Heimatort hier auf der Erde, auch weg von der Erde selbst in den Weltraum hinaus. Je weiter wir uns entfernen, desto undeutlicher werden die vertrauten Häuser und Straßen. Aus zehn Kilometern Höhe sehen wir eine bunte Landkarte und aus hundert Kilometern schiebt sich schon der kreisförmige Rand der Erdkugel ins Blickfeld. Meere, Kontinente und viele Wolken bestimmen das Bild. Hunderttausend Kilometer entfernt von der Erde sehen wir sie wie eine blaue Kugel im schwarzen All schweben (Farbabb. 1). Auf unserer Gedankenreise ziehen wir dann am Mond vorbei und bald darauf erreichen wir unseren Nachbarplaneten Mars. Immer weiter nach draußen geht die Reise, vorbei an Jupiter und Saturn.

Wenn wir zurückblicken, sehen wir die Sonne als feurige Kugel, umgeben von ihren Planeten, die sie in einer Ebene umkreisen (Farbabb. 2). Die Sonne ist ein Stern, sie leuchtet aus eigener Kraft, während die Planeten nur im reflektierten Sonnenlicht aufscheinen. Wie alle Sterne ist sie ein gigantischer Fusionsreaktor, der in seinem Inneren durch die Verschmelzung von Atomkernen Energie erzeugt und sie von der heißen Oberfläche als Licht und Wärme abstrahlt. Aus zehn Billionen Kilometern Entfernung erscheint unser Sonnensystem einsam und wie verloren in den riesigen Weiten des Raumes. Wir können jetzt unsere Entfernung in Kilometern nur noch in großen und daher sehr unpraktischen

Zahlen angeben und deshalb wählen wir besser einen neuen Maßstab, nämlich die Laufzeit des Lichts: Wir messen Strecken durch die Zeit, die das Licht braucht, um sie zu durchqueren. Die Lichtgeschwindigkeit beträgt etwa 300 000 Kilometer pro Sekunde. Vom Mond zur Erde (384 000 km) braucht das Licht also etwas mehr als eine Sekunde, von der Sonne zur Erde 8 Minuten. Man sagt, der Abstand von Sonne und Erde beträgt 8 Lichtminuten.

Zehn Billionen Kilometer, ein Lichtjahr weit, sind wir bereits gereist. Schon nähern wir uns dem ersten Nachbarstern, und wenn wir unseren Flug fortsetzen, treffen wir immer wieder auf Sterne wie unsere Sonne, die scheinbar ohne Ende aufeinander folgen.

In Gedanken macht es keinerlei Schwierigkeiten, schneller als das Licht zu sein, obwohl sich in Wirklichkeit nichts schneller als das Licht bewegen kann. Nach hunderttausend Lichtjahren haben wir die Sternansammlungen offenbar durchquert, denn wir verlassen ein Sternsystem, das einer flachen Scheibe ähnelt mit einer Verdickung in der Mitte. Darin befinden sich etwa hundert Milliarden Sterne, zusammen mit Gas und diffus verteilter fester Materie, von Astronomen »Staub« genannt. Das ist unsere Milchstraße, die »Galaxis« .

Der Raum außerhalb der Galaxis ist zunächst leer, doch in der Ferne erkennen wir bereits das nächste Sternsystem – die Andromeda-Galaxie in einer Entfernung von zwei Millionen Lichtjahren. Sie erscheint wie unsere Galaxis als Scheibe mit spiralförmigen Ausläufern (Farbabb. 5). Auf unserer schnellen Reise treffen wir immer wieder auf solche Galaxien, von denen anscheinend der gesamte Raum erfüllt ist. Wenn wir allerdings stillstehen, dann erkennen wir, dass all diese Galaxien in rasender Flucht auseinander streben, wie die Bruchstücke einer gewaltigen Explosion. Dazu beobachten wir Lichtsignale aus sehr großer Entfernung, die von einem allmählich verglimmenden Feuerball ausgehen. Weiter reicht unsere Sicht nicht, der Ursprung der kosmischen Fluchtbewegung ist nicht auszumachen.

Einen phantastischen Anblick beschert dieses auseinander fliegende kosmische System, das wesentlich komplexer ist, als die ruhige, gleichförmige Verteilung der Sterne in unserer Nachbarschaft vermuten lässt. Wie können wir ein verständliches Bild dieser Verhältnisse in Raum und Zeit gewinnen?

Nachdenklich kehren wir zurück auf die Erde zum Ausgangspunkt unserer Reise und betrachten den Tisch, an dem wir sitzen. Ein solides Möbel ist das, auf das man sich beruhigt stützen kann. Doch das feste, blank polierte Äußere ist nur Schein. Sobald wir eine Gedankenreise zu immer kleineren Abständen beginnen, entpuppt sich als Erstes die glatte Oberfläche als eine raue Gebirgslandschaft mit Tälern und zackigen Gipfeln. Dringen wir vor bis in den Bereich von Dimensionen, die dem hundertmillionsten Teil eines Zentimeters entsprechen, so sind wir umgeben von den Elektronenhüllen der Atome, kreisenden und hin- und herschwingenden elektrischen Ladungen, die in diversen, regulären Mustern angeordnet sind. Die Elektronen umhüllen einen Kern, der praktisch die ganze Masse des Atoms trägt, konzentriert in einem winzigen Volumen, dessen Ausdehnung nur ein hunderttausendstel der Elektronenhülle misst. (Diese großen Zahlenunterschiede schreiben die Physiker als Zehnerpotenzen: Hunderttausend ist 10^5 und ein hunderttausendstel wird zu 10^{-5}.) Zwischen Hülle und Kern ist nichts – leerer Raum. Der Tisch erweist sich als ein sehr löchriges Objekt, erscheint uns aber fest, weil wir, vom Standpunkt eines Atomkerns aus, ebenfalls ein löchriges Gebilde sind. Auch wir bestehen aus Elektronen und Atomkernen, wie der Tisch. Die winzigen Atomkerne wiederum sind aus Protonen und Neutronen zusammengesetzt, den Bausteinen der Materie. Auf diesem Niveau sind alle Gegenstände und Lebewesen unserer Welt gleich: eine Ansammlung von Protonen, Neutronen und Elektronen.

Die unterschiedlichen Formen entstehen aus den immer gleichen Bausteinen durch die Strukturgesetze, die verschiedene Anordnungen von Kernteilchen und von Atomen begünstigen.

Allerdings sind auch Proton und Neutron keine Elementarteilchen. Dringen wir in Gedanken in diese Kernteilchen ein, so finden wir Leere und punktförmige Teilchen, die Quarks.

Je drei davon bilden das Neutron und Proton. Die Elektronen können wir wie die Quarks nicht weiter zerteilen, sie sind offensichtlich elementare Objekte. Im Innern der Kernteilchen können wir die Welt nicht einfach so erkennen wie im normalen menschlichen Bereich, wo es Tische, Häuser, Katzen, Menschen und vieles mehr gibt. Die Teilchen verlieren ihre Identität, sie verschwimmen mit den Kräften, die zwischen ihnen wirken, sind nicht mehr eindeutig fassbar als winzige Objekte im Raum. Es ist schwierig, die Eindrücke auf dem Weg zu noch kleineren Dimensionen zu beschreiben, denn wir finden keine passenden Begriffe in der klassischen Welt dafür. Die Quarks können wir noch als Formen der Materie ansehen, aber wenn wir versuchen tiefer einzudringen, stellen wir fest, dass die materiellen Eigenschaften verschwinden. Die scheinbar punktförmigen Teilchen sind bloße Konzentrationen von Energie, die sich aus den Schwingungen einer winzigen saitenartigen Struktur speist. Allerdings verlieren wir in diesem Bereich bei Dimensionen von weniger als 10^{-33} Zentimetern auch die Orientierung in Raum und Zeit. Es scheint, dass selbst Raum und Zeit in dem Auf und Ab dieser Saitenschwingungen untergehen.

Beeindruckt von diesen Visionen landen wir wieder in unserem verlässlichen Umfeld der festen Gegenstände.

Hat diese Sicht der Welt im Großen wie im Kleinen etwas mit der Wirklichkeit zu tun? Es sind Bilder und mathematische Konstruktionen, die wir entwerfen, um die Welt zu verstehen. Natürlich sind diese geprägt von unseren Sinnen, unserem Verstand und Geist, unserem Gehirn, das sich im Laufe der Evolution entwickelt hat, also selbst von der Welt abhängt. Auch die naturwissenschaftlichen Erkenntnisse sind, wie unsere Alltagserfahrungen, gefiltert durch diese körperlichen Bedingungen. Trotzdem sieht es so aus, als gäbe es eine von uns unabhängige Wirklichkeit, als könnte es gelingen, sie Schritt für Schritt zu enträtseln, ja sogar ihre der Intuition widersprechenden Aspekte aufzuzeigen und zu erklären.

Bei diesen allgemeinen Vorbemerkungen wollen wir es zunächst einmal belassen und im Folgenden genauer auf einige der Dinge eingehen, die wir bei unserem Streifzug gesehen haben.

Kosmologie

Obwohl das Urknall-Modell des Universums in einfachen Vorstellungen erfasst werden kann, erfordert die Beschreibung des Wegs, auf dem man von astronomischen Beobachtungen und von theoretischen Überlegungen aus zu diesem Modell kommt, doch eine eingehende Diskussion astronomischer und physikalischer Details. Es liegt eben eine Fülle von Einzelergebnissen vor, die sich schließlich zu dem heutigen Bild des Kosmos zusammenfügen lassen.

Wenn wir verstehen wollen, wie tragfähig das kosmologische Standardmodell ist, dann müssen wir uns mit Fragen der Sternentwicklung, mit der spektralen Analyse des Lichts ferner Galaxien, mit den Eigenschaften der Mikrowellenstrahlung im Universum und mit einigen Grundzügen der allgemeinen Relativitätstheorie Albert Einsteins befassen.

Die Dunkelheit der Nacht

Es gibt ein paar einfache kosmologische Beobachtungen, die teure Teleskope und Satelliten gar nicht erfordern. Der preiswerteste Zugang zur Kosmologie liegt vor Ihnen, wenn Sie aus der Haustüre treten und den nächtlichen Sternhimmel betrachten. Warum ist der Himmel zwischen den Sternen dunkel?

Wenn die Sterne im Raum gleichmäßig verteilt wären und unveränderlich strahlen würden, dann fände man beim Blick zum Himmel keine Lücke mehr, denn in jeder Richtung würde man, nahe oder weit entfernt, einen Stern sehen. Der Nachthimmel wäre überall so hell wie eine Sternoberfläche. Da der Nachthimmel aber dunkel ist, kann diese Annahme über die Sterne nicht richtig sein.

Schon Johannes Kepler hatte 1610 bemerkt, dass die Dunkelheit des Nachthimmels einigen älteren Vorstellungen vom Weltenbau, insbesondere dem Weltbild Giordano Brunos von einem unendlichen, unveränderlichen Kosmos widerspricht. Später wurde seine Überlegung mehrfach wiederholt, so auch 1823 von dem Bremer Arzt und Astronom Heinrich Wilhelm Olbers. Nach ihm ist sie »Olberssches Paradoxon« genannt, obwohl sie weder paradox ist, noch von Olbers stammt. Interessanterweise glaubten aber zu Anfang des 20. Jahrhunderts alle Astronomen immer noch an eine statische Welt. Selbst Albert Einstein versuchte zunächst aus seiner Theorie das Modell eines unveränderlichen, gleichförmigen Kosmos abzuleiten.

Wir wissen heute, dass die Welt nicht statisch ist, dass alle Sterne vor endlicher Zeit entstanden sind und dass sie wieder vergehen. Deshalb ist die Chance, in beliebigen Richtungen auf einen Stern zu treffen, verschwindend klein und der Nachthimmel erscheint dunkel.

Uns erreicht nicht nur Licht von den Sternen, sondern auch von dem heißen Plasma des früheren Kosmos, das uns in großer Entfernung wie eine riesige Kugel umgibt. Diese Strahlung, der kosmische Mikrowellenhintergrund, ist aber wegen der Expansion und der daraus folgenden Dehnung aller Wellenlängen, wie schon der Name sagt, in den nicht sichtbaren Bereich der Mikrowellenstrahlung verschoben, wie es mit der Dunkelheit des Nachthimmels verträglich ist. Eine alltägliche, oder besser allnächtliche, bekannte Tatsache weist uns also darauf hin, dass die Welt expandiert und dass die Sternenwelt vor endlicher Zeit entstanden ist.

Der Lebenszyklus der Sterne

In dunklen Nächten, weitab von der Lichterfülle der Städte, können wir das helle Band der Milchstraße sehen, wie es sich über den Himmel erstreckt – Milliarden von Sternen, die alle wie die Sonne ihre Energie verströmen. Eigentlich können wir mit dem bloßen Auge, dem »unbewaffneten« Auge, wie sich militante Astronomen ausdrücken, nur einige tausend der nächsten Sterne sehen.

Unsere Sonne ist ein ganz typischer Stern. Sie entstand als Kondensation in einer interstellaren Gaswolke und zog sich unter ihrer eigenen Schwerkraft immer weiter zusammen, bis ihr Zentrum heiß und dicht genug wurde, um die Fusion von Wasserstoff zu Helium in Gang zu bringen (siehe Farbabb. 3). Bei einer solchen Reaktion verschmelzen vier Atomkerne des Wasserstoffs, also vier positive geladene Kernteilchen – vier Protonen –, zu einem Heliumkern, der aus zwei Protonen und zwei Neutronen besteht. Die vier Kernteilchen einzeln aufaddiert haben eine um 0,7 Prozent höhere Masse als der Heliumkern.

Nach Einsteins bekannter Formel ($E = mc^2$: Energie ist gleich Masse mal Lichtgeschwindigkeit im Quadrat) wird dieser Massenunterschied bei der Fusionsreaktion in Energie umgesetzt. Pro Gramm ist die Fusionsenergie rund eine Million Mal größer als die Energie, die in einem chemischen Vorgang, wie etwa einer Verbrennung oder einer Explosion, freigesetzt wird. Bei der Explosion einer Wasserstoffbombe sieht man das dramatische Beispiel der plötzlich freigesetzten Fusionsenergie.

Im Inneren der Sonne verläuft die Fusion langsam, sie lässt sie seit 4,5 Milliarden Jahren scheinen. In weiteren 5 Milliarden Jahren wird der Wasserstoff im Inneren der Sonne aufgebraucht sein. Nachdem etwa 12 Prozent des Wasserstoffvorrats verbraucht sind, hört die Kernfusion im Zentrum auf. Stattdessen beginnt die Wasserstoff-Fusion in einer Kugelschale um den zentralen Bereich. Der Stern sucht dabei ein neues Gleichgewicht und bläht seine äußeren Schichten gewaltig auf – er wird zum »Roten Riesen«. Wenn die Sonne in 5 Milliarden Jahren dieses Stadium erreicht, werden ihre äußeren Schichten bis zur Umlaufbahn der Erde reichen. Nur vergleichsweise kurz, etwa 500 Millionen Jahre, wird die Sonne als Roter Riese existieren. Danach setzt im Kern die Verbrennung von Helium ein und weitere schnell ablaufende Umwandlungen führen schließlich zur Abstoßung der äußeren Hülle von rund einem Viertel der Masse. Der Kern schrumpft zu einem sehr dichten Objekt etwa von der Größe der Erde – einem »Weißen Zwerg«, der mit bläulichem Licht kaum heller als heute der Vollmond auf die ausgebrannte Erde scheinen wird. Diese Entwicklungsgeschichte ergibt sich einfach aus den physikalischen Gesetzen, nach denen die Kernreaktionen im Inneren der Sonne ablaufen. Allerdings besteht kein Grund zur Panik – die Sonne hat als ruhig leuchtender Stern noch viel Zeit vor sich. Als intelligente Lebensform stehen die Menschen erst am Anfang ihrer Entwicklung. Falls sie nicht vorzeitig zugrunde gehen, werden unsere fernen Nachkommen in den Milliarden Jahren ihrer Zukunft weit über die Erde hinaus zu fernen Sonnensystemen vorstoßen. Auch wenn die Erde gegenwärtig der einzige Planet wäre, der Leben trägt, so wird genügend Zeit zur Verfügung stehen, um die gesamte Milchstraße und sogar weitere Galaxien zu besiedeln.

Der Entwicklungsweg anderer Sterne kann von dem der Sonne beträchtlich abweichen. Sterne mit einer größeren Masse produzieren mehr Energie, leuchten heller und haben eine kürzere Zeitspanne in der Wasserstoffbrennphase. So wird ein Stern mit der 10-fachen Masse der Sonne schon nach etwa 10 Millionen Jahren zum Roten Riesen. Ein kleiner Stern mit einer Masse von einem Zehntel der Sonnenmasse geht sehr sparsam mit seinem Energievorrat um, leuchtet nur schwach (nur ein Tausendstel der Sonnenleuchtkraft) und existiert etwa 10 Billionen Jahre.

Das Endstadium massereicher Sterne ist sehr dramatisch: Da der Kernbereich zu viel Masse enthält, um als Weißer Zwerg einen Gleichgewichtszustand zu finden, lässt die Schwerkraft ihn weiter zusammenstürzen zu viel kleineren Radien und höheren Dichten. Ein Neutronenstern (ein extremes Gebilde, das einem gigantischen Atomkern von der Masse der Sonne und einem Radius von 10 Kilometern ähnelt) oder ein Schwarzes Loch kann der Endzustand sein. In einem bestimmten Massenbereich kann auch der Kern völlig zerrissen werden. In jedem Fall wird eine riesige Eruption ausgelöst, eine Supernova-Explosion, durch die der äußere Teil des Sterns in den umgebenden Raum geschleudert wird. Die Supernova leuchtet für einige Zeit extrem hell auf und überstrahlt häufig die gesamte Galaxie, in der sie stattfindet. Ihre Überreste strahlen oft noch sehr aktiv als Pulsare oder Röntgenquellen (Farbabb. 4).

Unsere Milchstraße ist von all diesen verschiedenen Arten von Sternen bevölkert: Blau leuchtende, sehr helle, die – massereich und schnelllebig – immer wieder neu aus Gas und Staub entstehen, normale wie die Sonne, rotleuchtende von kleiner Masse,

Rote Riesen, Weiße Zwerge, Pulsare und Röntgenquellen sind in diesem riesigen Sternsystem enthalten.

Alle hundert Jahre etwa explodiert eine Supernova in der Milchstraße. Zum letzten Mal sah man dieses Ereignis vor etwa 300 Jahren. 1987 konnte erneut eine spektakuläre Supernova in der Großen Magellanschen Wolke beobachtet werden, einem kleinen Sternsystem, einem Begleiter unserer Milchstraße in einer Entfernung von lediglich etwa 180 000 Lichtjahren. Natürlich sind Supernovae für Astronomen sehr interessant, doch sind sie darüber hinaus von Bedeutung für die Menschheit insgesamt:

Die schweren Elemente, wie sie auch im menschlichen Körper vorkommen – Kohlenstoff, Sauerstoff, Silizium, Eisen etc. –, sind alle im Inneren massereicher Sterne gebildet und durch die Explosion dieser Sterne im Raum verteilt worden. Wir sind also Kinder der Supernovae. Nur die leichtesten Elemente Wasserstoff und Helium stammen im wesentlichen aus der Anfangsphase unseres Kosmos, alle schwereren Elemente entstanden in Sternen.

Die Galaxien

Mit einem Teleskop erkennen wir zahllose weitere Sterne, und wir sehen auch, dass es neben der Milchstraße viele verschwommene Lichteffekte am Himmel gibt, die sich bei näherer Beobachtung als Sternsysteme wie unsere Milchstraße, als »Galaxien« erweisen.

Galaxien kommen in vielerlei Formen vor (Farbabb. 5–8): Systeme mit Spiralarmen und von ähnlicher Größe wie unsere Galaxis (etwa M31, die Andromeda-Galaxie in einer Entfernung von zwei Millionen Lichtjahren) oder elliptische Galaxien, die keine Spiralarme haben, sondern wie elliptische oder nahezu kreisförmige Scheibchen erscheinen. Elliptische Galaxien können sehr viel Masse enthalten (bis zu 10^{13} Sonnenmassen, also das Hundertfache der Milchstraße), aber es gibt auch sehr kleine Zwerggalaxien von ähnlichem Aussehen, die nur einige Millionen Sonnenmassen umfassen.

Um unsere Milchstraße oder die Andromeda-Galaxie zu durchqueren, braucht das Licht rund 100 000 Jahre, während der Abstand zwischen den Galaxien typischerweise das Zehnfache, eine Million Lichtjahre, beträgt.

Die riesigen Entfernungen zwischen den Galaxien haben eine interessante Konsequenz: Je weiter entfernt eine Galaxie ist, desto weiter zurück in ihre Frühgeschichte können wir blicken. Wenn wir die Andromeda-Galaxie beobachten, dann sehen wir nicht, was gerade jetzt dort geschieht, sondern was sich vor zwei Millionen Jahren ereignet hat. Uns ist es somit unmöglich, das Universum in seinem gegenwärtigen Zustand zu betrachten. Die Astronomen erschließen die Welt daher ähnlich wie die Archäologen, die sich in immer tiefere Schichten und frühere Zeiten hineingraben. Es hat aber auch Vorzüge, wenn man die zeitliche Entwicklung direkt betrachten kann.

Natürlich gelten diese Gesichtspunkte wegen der Endlichkeit der Lichtgeschwindigkeit auch für kleine Entfernungen, aber hier haben sie kaum Konsequenzen: Das Licht braucht von der Sonne bis zur Erde acht Minuten, aber in acht Minuten verändert sich im Sonnensystem nichts, auch wenn der Bayerische Rundfunk behauptet »in fünfzehn Minuten kann sich die Welt verändern«.

Ausgehend von Beobachtungen wie der in Farbabbildung 8 gezeigten Aufnahme des Weltraumteleskops Hubble, kommen die Astronomen zu der Vermutung, dass der beobachtbare Bereich des Kosmos etwa zehn Milliarden Galaxien enthält. Jede einzelne Galaxie mit ihren Milliarden von Sternen ist für sich ein interessantes System, doch bei der Erforschung des Universums wird sie gleichsam wie ein Testteilchen betrachtet, das nur dazu dient, gewisse, vielleicht vorhandene, globale Eigenschaften aufzuzeigen.

Die Ausdehnung des Weltalls und der kosmische Strahlungshintergrund

Das moderne Bild vom Kosmos ruht ganz wesentlich auf der Erkenntnis einer fundamentalen Eigenschaft der Galaxien. In den 1920er-Jahren fand der amerikanische Astronom Edwin Hubble, dass die in Galaxien beobachteten und im Labor auf der Erde gemessenen atomaren Spektrallinien nicht übereinstimmen. Stattdessen sind die Spektrallinien fast jeder Galaxie (außer Andromedas und einiger kleinerer Begleiter der Milchstraße) zu größeren Wellenlängen verschoben, um einen Faktor $(1 + z)$. Für jede Galaxie ist dieser Faktor eine charakteristische Größe, wobei z selbst als »Rotverschiebung« bezeichnet wird. Diese Rotverschiebung z ist umso größer, je weiter die Galaxie entfernt ist. Ihre Erklärung durch den Doppler-Effekt führt zu dem Schluss, dass sich die Galaxien von uns wegbewegen und dabei einer Beziehung folgen, die Hubble entdeckt hat:

$$cz = v = H_0 d \, .$$

Ihm zu Ehren wird die Größe H_0 als »Hubble-Konstante« bezeichnet. In dieser Gleichung, die das Anwachsen der Fluchtgeschwindigkeit v mit der Entfernung d angibt, ist c die Lichtgeschwindigkeit.

Um die kosmische Expansion zu messen, braucht man im Prinzip nur die Entfernung d und die Rotverschiebung z einer Galaxie genau zu bestimmen. Tatsächlich aber gibt es im Detail eine Menge Schwierigkeiten: Präzise Entfernungen kennen die Astronomen nur von relativ nahen Galaxien, und diese haben Eigenbewegungen – auf Grund lokaler Massenansammlungen –, die sich mit der kosmischen Expansionsbewegung überlagern. Die Andromeda-Galaxie weist sogar eine Blauverschiebung auf, das heißt, sie kommt auf uns zu.

Zur kosmischen Entfernungsbestimmung benützt man seit Hubble pulsierende Sterne, sogenannte »Cepheiden« (benannt nach dem Stern δ Cephei). Diese Sterne verändern ihre Helligkeit rhythmisch, das heißt, sie pulsieren mit einer Periode von einigen Stunden bis zu Tagen. Je langsamer sie pulsieren, desto größer ist ihre Leuchtkraft. Da Cepheiden mit derselben Pulsperiode auch dieselbe Leuchtkraft haben, kann man aus der Messung ihrer Helligkeit ihre Entfernungen bestimmen, falls man einige Cepheiden mit genauer Entfernung kennt, um die Beziehung festzulegen – zu eichen, wie die Astronomen sagen. Allerdings konnte man viele Jahre Cepheidensterne nicht wirklich in den kosmischen Entfernungen messen, in denen die kosmische Expansion die lokalen Bewegungen deutlich überwiegt.

Man erwartete, dass die Situation sich entscheidend verbessern würde, wenn durch neue Teleskope, speziell durch das Weltraumteleskop »Hubble«, die klassische Entfernungsbestimmung durch die variablen Cepheidensterne bis auf 20 Mpc (die Einheit Mpc – ausgeschrieben Megaparsec – entspricht etwa 3,26 Millionen Lichtjahren) ausgedehnt werden könnte. Dies ist die Entfernung zum Zentrum des Virgohaufens der Galaxien. In den Randbereichen dieses großen Systems aus Tausenden von Galaxien befindet sich auch unsere Milchstraße. Leider hat sich nun herausgestellt, dass der Virgohaufen ein relativ komplex strukturiertes Gebilde ist, dessen Zentrum entsprechend schwierig zu bestimmen ist. Dies führt schließlich zu einem ausgedehnten Wertebereich für die Hubble-Konstante H_0 von

$$H_0 = 80 \pm 22 \, ,$$

in den Einheiten, in denen Astronomen gerne diese Größe angeben, nämlich als Geschwindigkeit (in Kilometern pro Sekunde) pro Megaparsec.

Eine neue Methode, die wesentlich größere Entfernungen erreichen kann, macht sich die riesige Leuchtkraft bestimmter Typen von Sternexplosionen zu Nutze, der Supernovae vom Typ Ia. Im Spektrum dieser explodierenden Sterne findet man keine Linien des Wasserstoffs, nur Hinweise auf höhere Elemente wie Helium und Kohlenstoff. Bei Sternen, die ihre Existenz auf diese Weise beenden, ist wahrscheinlich schon eine lange Entwicklungszeit abgelaufen. Ihr Wasserstoffvorrat ist verbraucht und die Sternmaterie besteht im Wesentlichen aus Kohlenstoff und Sauerstoff. Vermutlich handelt es sich um Weiße Zwerge, das heißt kompakte Sterne mit dem Radius der Erde und der Masse der Sonne. Die Leuchtkraft einer derartigen Supernova steigt rasch an, erreicht innerhalb weniger Tage ein Maximum und fällt dann wieder ab.

In der Explosion wird radioaktives Nickel (^{56}Ni) erzeugt, dessen Zerfall über Kobalt (^{56}Co) in Eisen (^{56}Fe) die Energie für die Leuchterscheinung liefert. Nach der Theorie sollte die optische Leuchtkraft einer Supernova Ia aus der Thermalisierung der hochenergetischen Strahlung Gamma-Photonen stammen, die in der Zerfallsreihe entstehen. Supernovae Ia sind sehr hell und können bis zu großen Distanzen weit jenseits von Virgo beobachtet werden. Sie sind auch als Indikatoren für die Entfernung gut geeignet, obwohl sie durchaus nicht eine einheitliche Leuchtkraft im Maximum haben. Eine gewisse Variationsbreite ist zu erwarten, denn die Leuchtkraft hängt von der Menge des entstandenen Nickels ab und diese kann variieren, je nach den genauen Bedingungen im Stern bei einer Explosion. Sehr hilfreich ist aber eine weitere Eigenschaft: Wie sich in den Beobachtungen zeigte, steht die Form der Supernova-Lichtkurve, speziell der Abfall der Helligkeit, in engem Zusammenhang mit ihrer Leuchtkraft im Maximum. Supernovae, deren Helligkeit rasch abfällt, leuchten schwächer und langsam abfallende sind im Allgemeinen heller im Maximum. Man kann diese Beziehung empirisch quantitativ bestimmen und dadurch eine genauere Festlegung der Leuchtkraft im Maximum erreichen. Damit werden die Supernovae Ia zu einem präzisen Indikator für kosmische Entfernungen.

In den letzten Jahren ist es gelungen, Typ-Ia-Supernovae systematisch bis zu sehr großen Entfernungen aufzuspüren und den raschen Anstieg ihrer Helligkeit, wie auch den typischen Abfall nach dem Maximum zu vermessen. Dies erforderte die Zusammenarbeit vieler Beobachtungsstationen weltweit, damit jede Supernova sofort nach ihrer Entdeckung mit einem großen Teleskop genau verfolgt werden konnte. Zwei große Gruppen von Beobachtern, das »High-Z Supernova Search Team« und das »Supernova Cosmology Project« leisteten hier, unabhängig voneinander, Pionierarbeit.

Abbildung 1 zeigt das Hubble-Diagramm für eine große Zahl Supernovae vom Typ Ia. Die gute Übereinstimmung der Daten für die Objekte unterhalb von z = 0.1 mit der linearen Hubble-Beziehung erlaubt die Bestimmung der Hubble-Konstanten zu

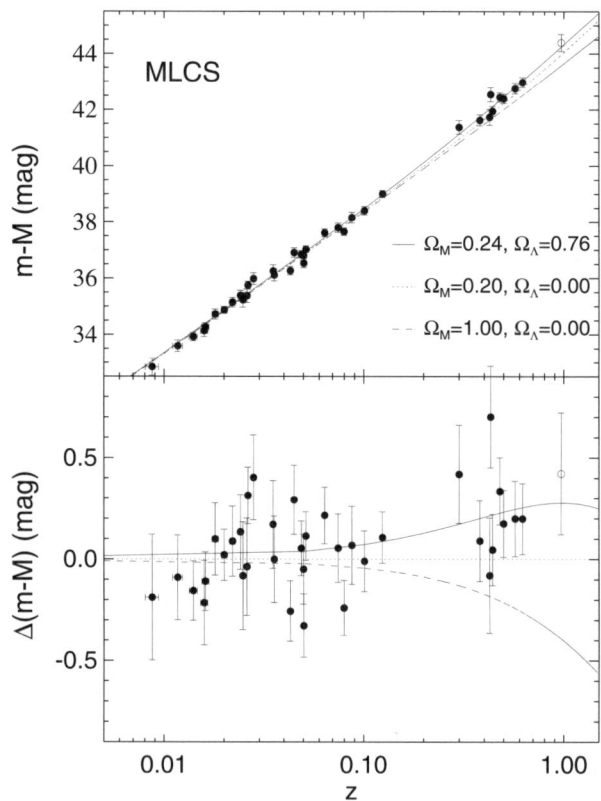

Abbildung 1 Das Hubble-Diagramm für Supernovae Ia zeigt die Messpunkte abhängig von Entfernung und Rotverschiebung z. Entlang der vertikalen Achse sind die Entfernungen in einem von den Astronomen geschätzten logarithmischen Maßstab, dem »Entfernungsmodul« angezeigt. Im oberen Teil des Bildes kann man sehen, wie gut die Hubblesche Beziehung für Typ Ia Supernovae im Bereich kleiner Rotverschiebungen (z kleiner als 0.1) erfüllt ist, während für große z Abweichungen auftreten. Die Supernovae mit $z \approx 1$ weichen deutlich von der linearen Hubble Beziehung ab. Sie befinden sich in größeren Entfernungen, als nach ihrer Rotverschiebung zu erwarten wäre. Die Astronomen betrachten dies als Hinweis auf eine beschleunigte kosmische Expansion. In kosmologischen Modellen mit einer positiven kosmologischen Konstanten gibt es diesen Effekt. Die Kurven für drei verschiedene Modelle im oberen Teil des Bildes weisen Unterschiede für große z auf. Im unteren Teil der Abbildung sind diese Differenzen bezogen auf das Referenzmodell ohne kosmologische Konstante. Die Anpassung an die Daten bei hoher Rotverschiebung wird besser für ein Modell mit kosmologischer Konstante (nach Riess et al., 1998, Astrophys. J. 504, 935).

$$H_0 = 70 \pm 10 \, .$$

Mit den astronomischen Einheiten, in denen H_0 angegeben wird, entspricht $1/H_0$ einer Zeit, einer charakteristischen Expansionszeit, die sich hieraus zu 14 Milliarden Jahren mit einer Unsicherheit von etwa 10 Prozent ergibt.

Vor dieser Zeit von ca. 14 Milliarden Jahren begann die heute beobachtete Expansion, vorausgesetzt die Galaxien haben sich mit konstanter Geschwindigkeit bewegt. Damals waren alle Galaxien, die wir jetzt beobachten, eng beisammen.

Besondere Bedeutung gewinnen die Messungen der Expansion, wenn wir sie zusammen mit einer weiteren kosmologischen Erkenntnis sehen.

Im Jahre 1964 entdeckten zwei Wissenschaftler der Bell Laboratories in den USA, Arno Penzias und Robert Wilson, bei der Eichung einer Antenne eher zufällig ein Strahlungssignal im Mikrowellenbereich. Diese Strahlung von 7,15 cm Wellenlänge schien kosmischen Ursprungs zu sein, denn sie zeigte nicht die für Einzelquellen typischen zeitlichen Veränderungen. Weitere Messungen verrieten, dass die Strahlung mit Wellenlängen zwischen 1 mm und 10 cm aus allen Richtungen nahezu in gleicher Stärke eintrifft und in ihrer spektralen Verteilung dem Gesetz folgt, das Max Planck 1900 für die Strahlung eines Körpers im Wärmegleichgewicht mit seiner Umgebung gefunden hatte. Die beiden Forscher wurden mit dem Physik-Nobelpreis ausgezeichnet, denn es wurde bald klar, dass ihre Entdeckung von großer Tragweite für unser Wissen vom Kosmos war.

Dieser sogenannte kosmische Mikrowellenhintergrund oder kurz »CMB« (vom englischen Cosmic Microwave Background) lässt sich also einfach durch eine Temperaturangabe kennzeichnen. Der im November 1989 gestartete NASA-Satellit COBE (COsmic Background Explorer) hat das Spektrum des CMB zwei Jahre lang vermessen und die Temperatur sehr genau bestimmt:

$$T = 2{,}728 \pm 0{,}002 \; Kelvin \, .$$

Im Rahmen der Messgenauigkeit wurden keine Abweichungen von dem idealen Planckschen Gesetz gefunden. Dies ist sozusagen die gegenwärtige Temperatur des Universums (siehe Abb. 2).

Beide Beobachtungen führen zu einem interessanten Aspekt der Geschichte des Universums: Falls die Galaxien jetzt voneinander wegfliegen, müssen sie früher dichter als heute beisammen gewesen sein. Auch das Strahlungsfeld muss in der Vergangenheit dichter zusammengepresst und heißer gewesen sein. Die unvermeidliche Schlussfolgerung ist, dass es einen heißen und dichten Frühzustand des Universums gegeben hat, in dessen Gluthitze Galaxien und Sterne nicht existieren konnten, sondern in dem alles in einem heißen und dichten Gemisch von Materie und Strahlung gelöst war.

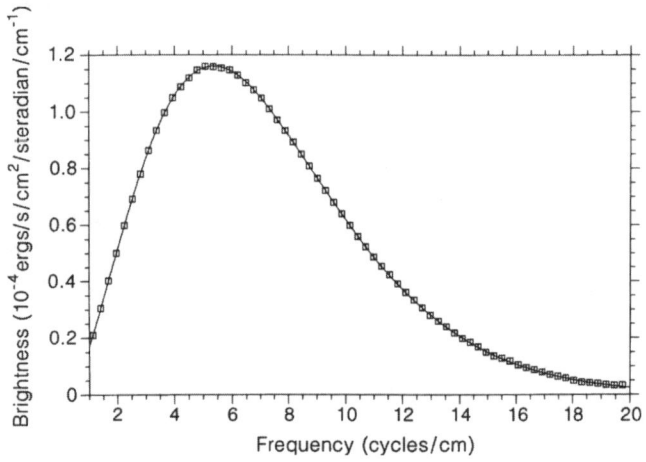

Abbildung 2 Das Spektrum der kosmischen Mikrowellenstrahlung (CMB), wie es vom Satelliten COBE registriert wurde, folgt sehr präzise dem Gesetz für die Wärmestrahlung mit einer Temperatur von 2,728 Kelvin, d. h. etwa 2,7 Grad über dem absoluten Nullpunkt der Temperatur. Messungenauigkeiten sind äußerst gering, weniger als zwei Millikelvin (± 0,002 Kelvin). Im Kontext des »heißen Urknallmodells« findet diese Strahlung eine überzeugende Erklärung als durch die kosmische Expansion abgekühlte Reststrahlung einer frühen Phase, die bei hoher Temperatur im Wärmegleichgewicht nahezu gleichförmig war. (Mit freundlicher Genehmigung der COBE Kollaboration) [Mather et al., 1990, Astrophys. J. 354, L37; Fixsen et al., 1996, Astrophys. J. 437, 576].

Die astronomischen Beobachtungen der Typ-Ia-Supernovae führen zur Bestimmung einer Expansionszeit von 14 Milliarden Jahren. Damals entstanden aus dem »Urbrei« die Galaxien und begannen ihre Flucht in den Raum.

Auch wenn diese Interpretation des CMB und der allgemeinen Expansion sehr plausibel klingt, müssen wir uns darüber im Klaren sein, dass die Folgerungen sich nicht nur direkt aus den Beobachtungen ergeben haben. Das Universum als Ganzes ist ja eigentlich ein theoretisches Gebilde und ein ganz spezieller Forschungsgegenstand, einzig und unwiederholbar. Jeder Experimentalphysiker wäre unglücklich, müsste er seine Theorien auf ein einziges unwiederholbares Ereignis aufbauen, doch schwierig ist die Situation natürlich auch deswegen, weil wir, die Beobachter, mitten in diesem Objekt »Universum« nur einen räumlich und zeitlich begrenzten Ausschnitt wahrnehmen, von dem wir zwar annehmen, dass er für das Ganze – wenn es das überhaupt gibt – repräsentativ ist. Sicher ist das aber nicht. Der Kosmologe muss also Theorien voraussetzen, um damit und mit Hilfe der Beobachtungen und Messergebnisse ein Modell des Kosmos zu entwerfen. Mit Hilfe dieses Modells lassen sich die Beobachtungen deuten und neue Beobachtungen und Tests des Modells vorschlagen.

Die kosmologischen Modelle

Will man das auseinander fliegende System der Galaxien mit einem einfachen Modell beschreiben, so wird man versuchen, das gleichförmige Auseinanderstreben dieser Objekte darzustellen. Es scheint auch vernünftig, diese Bewegung nicht so aufzufassen, als stünden wir im Mittelpunkt des Universums und alle Galaxien strebten von uns weg. Dafür gibt es keinen Grund, und deshalb ist es wohl eine bessere Beschreibung anzunehmen, dass die kosmische Expansion von jeder beliebigen anderen Galaxie aus betrachtet genauso aussähe, wie terrestrische Astronomen sie beobachten.

Glücklicherweise lässt sich dieses gleichförmige Auseinanderstreben der Himmelsobjekte in einfachen Lösungen der Einsteinschen Gravitationstheorie modellieren. Allerdings wird in den Modellen die Verteilung der Materie nur näherungsweise erfasst, in Form einer mittleren Materiedichte, und nicht exakt als großes System aus Galaxien und Sternen. Lassen wir dazu Albert Einstein selbst zu Wort kommen:

»Der metrische Charakter (Krümmung) des vierdimensionalen raumzeitlichen Kontinuums wird nach der allgemeinen Relativitätstheorie in jedem Punkt durch die daselbst befindliche Materie und deren Zustand bestimmt. Die metrische Struktur dieses Kontinuums muss daher wegen der Ungleichmäßigkeit der Verteilung der Materie notwendig eine äußerst verwickelte sein. Wenn es uns aber nur auf die Struktur im Großen ankommt, dürfen wir uns die Materie als über ungeheure Räume gleichmäßig ausgebreitet vorstellen, so dass die Verteilungsdichte eine ungeheuer langsam veränderliche Funktion wird. Wir gehen damit ähnlich vor wie etwa die Geodäten, welche die im Kleinen äußerst kompliziert gestaltete Erdoberfläche durch ein Ellipsoid approximieren.«

Als sehr günstig für diese Modellbildung erweist sich die Tatsache, dass es für die kosmische Expansion keine Rolle spielt, ob die Materie in einem bestimmten Volumen unregelmäßig in Galaxien und Sternen oder eher gleichförmig verteilt ist. Allein die mittlere Dichte, das heißt die mittlere Masse pro Volumeneinheit, bestimmt die kosmische Expansion. Deshalb können wir von den Strukturen zunächst einmal absehen und in einem bestimmten Raumbereich, etwa in einer riesigen Kugel, die viele Galaxien umschließt, die Gesamtsumme als fein verteiltes Gas ansehen. Tatsächlich ist dieses Gas von so geringer Dichte, dass es fast ein ideales Vakuum darstellt, denn nur etwa ein Atom befindet sich in einem Kubikmeter. Mit einer derart geringen Dichte rechnen die Kosmologen, wenn sie die Masse aufaddieren, die sie in den Galaxien messen. Darüber hinaus gibt es, wie wir später sehen werden, deutliche Hinweise auf die Existenz von nichtleuchtender, sogenannter Dunkler Materie und auf eine Komponente ganz anderer Art, die als Dunkle Energie bezeichnet wird. Alle diese unterschiedlichen Arten von Materie und Energie bilden ein, wie wir es nennen wollen, »kosmisches Substrat«, das in den kosmologischen Modellen nur als gleichförmige Dichte vorkommt, das heißt als Materie oder Energie gemittelt über große Volumina. Das ist eine Naherung, aber, wie sich in vielen Rechnungen gezeigt hat, eine sehr gute. Als technische Vereinfachung, die allgemein üblich ist, charakterisiert man die unterschiedlichen Dichtekomponenten durch Zahlen, indem man jeweils ein Verhältnis zu einer Referenzdichte angibt, die man aus der Gravitationskonstante G und der Hubble-Konstante H_0 konstruiert. Beide Größen lassen sich nämlich so kombinieren, dass ein Ausdruck mit der Dimension einer Massendichte (Gramm pro Kubikzentimeter) erhalten wird:

$$\rho_c \equiv \frac{3H_0^2}{8\pi G}$$

Diese Referenzdichte wird als »kritische Dichte« bezeichnet. Mit den gemessenen Werten von H_0 entspricht diese Dichte einem Masseninhalt von etwa 10 Wasserstoffatomen in einem Kubikmeter. Das ist ein exzellentes »Vakuum«, das in irdischen Labors nicht erreicht werden kann.

Wir verwenden also, diesen Näherungen folgend, einfache kosmologische Modelle, die sogenannten Friedmann-Lemaître-Modelle (kurz: FL-Modelle; nach Friedmann [1922] und Lemaître [1927], die als erste diese Lösungen aus Einsteins Gravitationstheorie abgeleitet haben): Die Expansion wird als das Auseinanderfließen einer idealisierten, gleichmäßig verteilten Materie aufgefasst, vergleichbar einer Flüssigkeit mit homogener Dichte $\rho(t)$ und Druck p(t), die sich mit der Zeit t verändern. Die Flüssigkeitsteilchen, die man sich in diesem Bild als repräsentativ für die Galaxien denken kann, schwimmen in der sich ausdehnenden kosmischen Materie; ihr Abstand vergrößert sich mit der Zeit. Diese Expansion kann entweder ohne Ende immer weitergehen, oder sie erreicht ein Maximum und kehrt sich danach um in eine Kontraktion (siehe Abb. 3). Das unterschiedliche Verhalten wird verursacht durch die im Kosmos vorhandene Menge an Materie, Strahlung und weiterer eventuell vorhandener Energieformen.

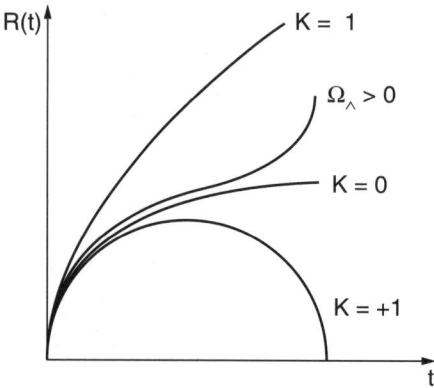

Abbildung 3 In den einfachen kosmologischen Modellen, die als Friedmann-Lemaître-Modelle bezeichnet werden, ändert sich der Abstand je zweier Teilchen des kosmischen Mediums mit der Zeit in der hier schematisch gezeichneten Weise. Die Zahl K charakterisiert die Krümmung des Raumes (K = +1: sphärisch; K = 0: euklidisch; K = –1: hyperbolisch). Die Kurve mit $\Omega_\Lambda > 0$ beschreibt ein Modell mit positiver kosmologischer Konstante, das den Beobachtungen am besten entspricht. Alle Modelle haben die Eigenschaft, dass es nur zeitliche Veränderung gibt. Sie weisen keine räumliche Struktur auf. Es gibt in allen Modellen einen Nullpunkt der Zeit, in dem alle Abstände Null, Dichte und Temperatur unendlich groß sind. Dieser singuläre Zeitpunkt liegt deshalb außerhalb der Gültigkeit dieser Modellbeschreibung.

Die kosmische Dichte ρ_0 stellen wir durch folgende Verhältniszahl dar:

$$\Omega_0 \equiv \frac{8\pi G}{3H_0^2}\rho_0 \equiv \frac{\rho_0}{\rho_c}$$

Zur Gesamtdichte tragen aber nicht nur die vorhandenen Massen bei, sondern auch jede andere Form von Energie. Insgesamt lassen sich diese verschiedenen Komponenten aufaddieren zu einer Gesamtdichte Ω, wobei jede Komponente als Bruchteil der kritischen Dichte angegeben wird.

Für Ω kleiner als eins, das heißt für eine Dichte unterhalb der kritischen, geht die Expansion immer weiter, doch für Ω größer als eins kann sich die Expansion umkehren und alles kann wieder in einen Endknall zusammenstürzen. Diese Möglichkeiten sind in Abbildung 3 graphisch dargestellt.

Welcher Fall liegt nun tatsächlich vor? Dies versuchen die Astronomen durch Messungen der kosmischen Dichte herauszufinden.

Beschleunigte Expansion

Bei hohen Rotverschiebungen scheinen die Supernovae in Abbildung 1 sich in größeren Entfernungen zu befinden, als nach der Hubble-Beziehung zu erwarten wäre. Dies bedeutet, dass sich die Entfernung zwischen diesen Objekten und unserer Position schneller vergrößert hat, als es der Bewegung mit gleichmäßiger Geschwindigkeit entspräche. Die Ausdehnung des Kosmos verläuft beschleunigt, während man eine langsame Abbremsung erwarten würde, wenn allein die verschiedenen bewegten Galaxien sich gegenseitig mit der Schwerkraft anziehen würden.

Verursacht werden kann diese Beschleunigung der Expansion durch eine konstante Energiedichte, die in kosmischen Dimensionen wie eine abstoßende Gravitation wirkt. Eine Größe dieser Art ist nichts Neues, denn schon Albert Einstein hatte sie in den Gleichungen seiner allgemeinen Relativiätstheorie eingeführt, um ein Weltmodell zu erhalten, das eine unveränderliche, gleichförmige Verteilung von Sternen bis ins Unendliche beschreibt. Um 1915 glaubte die Mehrheit der Wissenschaftler, dass der Kosmos ein statisches System sei. Einstein führte diese Größe als »kosmologische Konstante Λ« ein. Gemäß der heute üblichen Übereinkunft schreiben wir dafür Ω_Λ, mit $\Omega_\Lambda = \frac{\Lambda}{3H_0^2}$. Wie schon gesagt, wirkt eine positive kosmologische Konstante als abstoßende Kraft, die der Anziehung durch die Schwerkraft das Gleichgewicht halten kann, wenn sie die richtige Größe hat. Als Hubble die Ausdehnung des Weltalls entdeckte und Alexander Friedmann gezeigt hatte, dass die allgemeine Relativitätstheorie expandierende kosmologische Modelle enthält, wollte Einstein die kosmologische Konstante wieder tilgen. Er bezeichnete es als seine »größte Eselei«, sie eingeführt zu haben. Nun ist durch die astronomischen Messungen der Hubble-Expansion diese Größe wieder fest etabliert, allerdings mit einem kleineren als dem von Einstein postulierten Wert. Die Einsteinschen Gleichungen der

Gravitation zeigen, dass Ω_Λ die Expansion beschleunigt, falls Ω_Λ größer ist als die halbe Massendichte ($\Omega_m/2$).

Die beste Anpassung an die Daten in Abbildung 1 wird erreicht, wenn für das kosmologische Modell $\Omega_m = 0{,}3$ und $\Omega_\Lambda = 0{,}7$ gewählt wird, was natürlich deutlich die Bedingungen für eine beschleunigte Expansion erfüllt.

Wir werden später noch weitere Hinweise auf eine positive kosmologische Konstante anführen, wenn wir die Unregelmäßigkeiten der kosmischen Mikrowellenstrahlung besprechen. Trotz der eindrucksvollen Beobachtungshinweise bleibt ein gewisses Unbehagen bei den Theoretikern, wenn sie mit der Existenz dieser kosmologischen Konstanten konfrontiert werden. Diese Komponente des kosmischen Substrats ist nicht wirklich ein Stoff, der den Raum erfüllt wie etwa ein Gas, sondern sie ähnelt eher einer Eigenschaft des leeren Raumes, einer Art innerer Spannung, die der Raum durch Ausdehnung löst und ausgleicht. Über die Versuche, diese rätselhafte Größe zu erklären, werden wir noch ausführlicher sprechen, besonders über die zurzeit bevorzugte Interpretation als Energiedichte eines Feldes. Immerhin scheint der Name »Dunkle Energie« sehr gut gewählt, denn er deutet sowohl auf die Wirkung im Verborgenen, ohne begleitende Leuchterscheinung, wie auch auf die bislang im Dunklen gebliebene Natur dieser Größe.

Der gekrümmte Raum

In den Friedmann-Lemaître-Modellen gibt es drei verschiedene theoretisch mögliche Raumtypen: Zu jeder festen Zeit ist der dreidimensionale Raum entweder der aus der Alltagserfahrung gewohnte ebene, unendlich ausgedehnte, in dem die euklidische Geometrie gilt, oder ein Raum mit konstanter positiver Krümmung oder ein solcher mit negativer Krümmung. Der »gekrümmte Raum« ist ein etwas schwieriger Begriff, der ohne Mathematik nicht ohne weiteres verständlich ist. Wir können versuchen, eine anschauliche Vorstellung von diesen Räumen zu gewinnen, wenn wir eine Raumdimension in Gedanken weglassen, also nur zwei

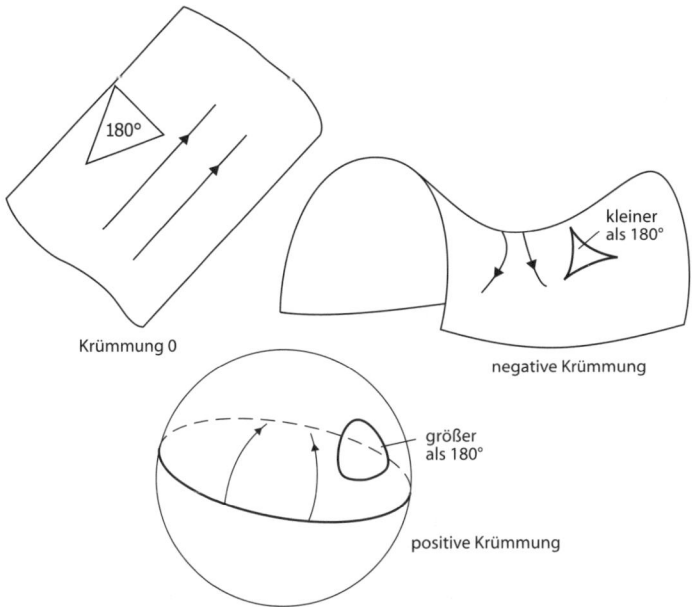

Krümmung 0

negative Krümmung

positive Krümmung

Abbildung 4 Gekrümmte Räume lassen sich eine Dimension niedriger als ge-krümmte Flächen veranschaulichen. Drei Typen von Flächen konstanter Krüm-mung kann man unterscheiden: Die Ebene entspricht dem euklidischen Raum mit Krümmung null, in dem die Winkelsumme im Dreieck 180 Grad beträgt und in dem Parallelen sich nicht überkreuzen. Die Kugelfläche veranschaulicht den Raum mit positiver Krümmung, in dem die Winkelsumme im Dreieck größer als 180 Grad ist und »parallele« Kurven an den Polen zusammenlaufen. Wie auf der Sattelfläche laufen im Raum negativer Krümmung »parallele« Linien auseinander und die Win-kelsumme im Dreieck ist kleiner als 180 Grad. Raumtyp und Expansionsverhalten hängen nach der Einsteinschen Theorie eng zusammen.

Dimensionen betrachten. Die drei unterschiedlichen Raumtypen entsprechen im anschaulichen Bild entweder einer Ebene (dies ist der euklidische Raum ohne Krümmung oder mit Krümmung null), der Oberfläche einer Kugel (positive Krümmung), oder ei-ner sattelartigen Fläche (negative Krümmung) (Abb. 4).

Gewiss bereiten die sphärischen und sattelartigen Räume der Vorstellung mehr Schwierigkeiten als der ebene, unendliche Raum. Wie die Oberfläche einer Kugel ist der sphärische Raum geschlossen, das heißt, man kommt zum Ausgangspunkt zurück, wenn man unentwegt geradeaus weitergeht. »Geradeaus« heißt natürlich, dem Großkreis auf der Kugeloberfläche zu folgen. Man trifft dabei nie auf eine Grenze, denn die gibt es auf der Kugel nicht. Die zweidimensionale Analogie hinkt leider etwas, weil wir dabei den Raum außerhalb der Kugelfläche vergessen müssen – nur die Oberfläche existiert für uns wirklich. Für den realen dreidimensionalen Raum müsste man sich eine weitere Dimension hinzudenken.

Das gesamte Raumvolumen des sphärischen Raumes ist endlich, wie die Oberfläche einer Kugel eine bestimmte endliche Fläche hat, während der ebene Raum und der sattelartige Raum unendlich und offen sind (das heißt man kommt nicht zum Ausgangspunkt zurück). In den FL-Modellen wird die Raumkrümmung durch die Materiedichte hervorgerufen. Größere Dichte krümmt den Raum zu einer kleineren, das heißt stärker gebogenen (3-dimensionalen) Kugel.

Die Raumkrümmung ist eine Spezialität der allgemeinen Relativitätstheorie Albert Einsteins. Dieser Theorie liegt der Gedanke zu Grunde, dass Raum und Zeit nicht fest vorgegeben sind, sondern von den vorhandenen Massen und Energien bestimmt werden. Jeder Körper verzerrt in seiner Umgebung das räumlichzeitliche Maßfeld, in das er eingefügt ist, das heißt, er beeinflusst den Gang von Uhren und verändert die Maßstäbe. Umgekehrt wirkt auch die Raumzeit-Geometrie auf die Dynamik der Körper. Das Wechselspiel zwischen allen Massen und Energien ergibt dann schließlich das kosmologische Modell. Unter diesem Gesichtspunkt ist es höchst erstaunlich, dass aus dem Zusammenwirken aller Dinge im Kosmos ein Raum konstanter Krümmung oder gar ein ebener Raum entsteht.

Im anschaulichen Bild darstellen können wir die Expansion als das Auseinanderziehen einer elastischen ebenen, kugelförmigen oder sattelförmigen Fläche.

Betrachten wir beispielsweise die Kugeloberfläche etwas näher, so erscheint die Expansion als ein gleichmäßiges Aufblähen dieser in sich geschlossenen endlichen Fläche, ähnlich dem Aufblasen eines Luftballons. »Galaxien« können wir durch Markierungspunkte auf dem Luftballon andeuten. Wenn der Luftballon aufgeblasen wird, bewegen sich diese Punkte voneinander weg. Die Entfernungen zwischen ihnen vergrößern sich mit der Ausdehnung des Luftballons, obwohl sich die Positionen (Längen- und Breitenkoordinaten) der Markierungen auf der Kugelfläche nicht verändern, denn die Abstandsänderung geschieht durch eine Dehnung des elastischen Materials. Das kann man recht gut als Veranschaulichung der Verhältnisse nehmen, wie sie die Einsteinsche Theorie beschreibt: Abstände wachsen auf Grund der Veränderung des Raum-Zeit-Gefüges, nicht, weil sich die Galaxien selbst bewegen. So entsteht für einen gedachten zweidimensionalen Beobachter in einer der »Galaxien« auf der Ballonfläche der Eindruck, die anderen Galaxien würden sich von ihm fortbewegen. Von jeder »Galaxie« aus kann die Expansion so beobachtet werden, und sie sieht für jeden Punkt auf dem Luftballon gleich aus.

Für nahe Galaxien gilt das einfache Hubblesche Gesetz, für ferne Galaxien allerdings spielt die Krümmung der Welt eine wichtige Rolle. Die Rotverschiebung kann nicht mehr einfach durch den Doppler-Effekt erklärt werden, sondern sie ergibt sich als Konsequenz der Lichtausbreitung im Friedmann-Lemaître-Modell: Abstandsänderungen durch die kosmische Expansion sind proportional zu einer Funktion der Zeit $R(t)$, die im anschaulichen Bild einfach der zeitlich veränderliche Radius des Luftballons ist. Die Lichtausbreitung geschieht so, dass die Rotverschiebung $1 + z$ gleich ist dem Verhältnis des Radius $R(t_0)$ zum jetzigen Zeitpunkt zu $R(t_e)$, dem Radius zum Zeitpunkt der Emission t_e. (Mathematisch ausgedrückt $1 + z = R(t_0)/R(t_e)$; für Zeiten t_e, nahe beim jetzigen Zeitpunkt, also für nahe Galaxien, erhält man daraus die Hubblesche Beziehung.)

Wenden wir den Blick in die Vergangenheit, so schrumpft der Luftballon. In Richtung auf den Urknall rücken die Markierungspunkte immer näher zusammen. Auf der Ballonoberfläche, die unsere Welt ist, gibt es aber keinen ausgezeichneten Punkt, der den Anfang der Expansion, den Urknall, markiert. Alle Punkte der Oberfläche sind stets vorhanden, auch beliebig nahe am Urknall und für einen beliebig kleinen Luftballon. In diesem Gedankenbild scheint es so, als wäre der Mittelpunkt der Kugel der ausgezeichnete Punkt, an dem der Urknall stattfindet, aber dieser Punkt gehört nicht zu unserer zweidimensionalen Welt, die allein aus der Ballonoberfläche besteht.

Bei Annäherung an diesen Zeitpunkt, beim Rückgang in die Vergangenheit, geht auch jeder endliche Abstand zweier Teilchen gegen null. Druck und Dichte werden unendlich groß in diesem Anfangszustand, der allgemein als Urknall bezeichnet wird. Man kann die Entwicklung nicht weiter theoretisch zurückverfolgen, weil die Begriffe und Gesetze der Theorie hier ihren Sinn verlieren. Diese »Anfangssingularität« kennzeichnet den Anfang der Welt: Alles was wir jetzt beobachten, ist vor 14 Milliarden Jahren in einer Urexplosion entstanden, die von unendlicher Dichte, Temperatur und unendlich großem Anfangsschwung war.

Rotverschiebung und zeitliche Entwicklung

In einer Welt, die durch ein Friedmann-Lemaître-Modell beschrieben wird, stellt sich die Situation der Astronomen so dar: Lichtsignale von fernen Galaxien erreichen sie hier und heute, sind aber von der Quelle vor langer Zeit ausgesandt worden. Nicht in ihrem jetzigen Zustand werden diese Galaxien beobachtet, sondern so, wie sie in einer vergangenen Epoche ausgesehen haben. Die astronomischen Beobachtungen liefern einen Querschnitt durch die Geschichte des Kosmos, und sein gegenwärtiger Zustand kann nur in Verbindung mit einem geeigneten Modell erschlossen werden.

Im Luftballonbild können wir den beobachtbaren Bereich durch einen Kreis um unsere Position markieren. Objekte innerhalb des Kreises können wir beobachten, der Kreis selbst ist unser Horizont, jenseits davon liegen Gebiete, die uns nicht zugänglich sind. Doch unser Horizont wächst mit Lichtgeschwindigkeit und proportional zur Zeit, weil die Lichtsignale mit Lichtgeschwindigkeit aus immer ferneren Regionen bei uns eintreffen. Andererseits dehnt sich auch der Luftballon aus – in den oben beschriebenen einfachen kosmologischen Modellen hängt die Ausdehnung von den Materie- und Energiedichten ab. Solange die dominierende Komponente des kosmischen Substrats Materie oder Strahlung ist, dehnt sich der Ballon langsamer aus als der Horizont und immer neue Bereiche geraten in den beobachtbaren Kreis. Für Materie ändert sich der Abstand zweier Teilchen wie $t^{2/3}$ (t ist die Zeit), für Strahlung wie $\sqrt{t}$, während der Horizontradius wie t anwächst.

Falls eine kosmologische Konstante die Expansion bestimmt, dehnt sich der Luftballon schneller aus, als unser Horizont sich vergrößert, und allmählich entweichen einzelne Galaxien unserem Blickfeld. Ganz entsprechend verliert unser Blick an Weite, wenn wir die Expansion in die Vergangenheit zurückverfolgen. Im materie- und strahlungsdominierten Kosmos schrumpft der Horizont viel rascher, als sich das Weltall selbst zusammenzieht. Dies führt zu dem merkwürdigen Befund, dass bei Annäherung an den Urknall immer weniger von der Welt in unserem Horizont enthalten ist. Das gilt in gleicher Weise für jeden anderen Punkt, das heißt, der Kosmos »fasert auf« in viele kleine, getrennte Bereiche, zwischen denen es keine Wechselwirkung gibt, da ja nicht einmal Lichtsignale ausgetauscht werden können. Direkt am Urknall steht gewissermaßen jeder Punkt allein, ohne Beziehung zu seinen Nachbarn – eine eigenartige Konsequenz des Urknallmodells.

Die Rotverschiebung des Lichts einer fernen Galaxie ist ein unmittelbares Maß für die Ausdehnung des Kosmos, denn das Universum ist um den Faktor (1+z) gewachsen, seit das Licht die Galaxie mit der Rotverschiebung z verlassen hat.

Erste Galaxien, die wir beobachten, haben eine Rotverschiebung von z = 6. Als sie ihr Licht aussandten, war das Universum also erst bei einem Siebtel seiner jetzigen Größe. Kunde von einer Epoche mit z = 1100 bringt uns die Mikrowellenstrahlung. Heute ist der Kosmos 1100-mal so groß wie zu jener Zeit. Dies bedeutet natürlich auch, dass damals Materie und Strahlung viel dichter gepackt waren als heute.

Ein Zeitrafferbild

Drängen wir die Geschichte des Universums auf ein Jahr zusammen. Jeder Monat in diesem Bild entspricht in Wirklichkeit einer Milliarde Jahren. Stellen wir uns vor, mit dem Glockenschlag zum neuen Jahr entstehe auch unsere Welt im Urknall. Der Urstoff, eine Strahlung, die den ganzen Raum gleichmäßig und mit ungeheuerer Dichte und Temperatur erfüllte, besaß noch keine Struktur, aber durch den Schwung der geheimnisvollen Urexplosion dehnte er sich überall gegen seine eigene Schwerkraft aus und kühlte sich dabei ab. Schon in einem winzigen Bruchteil der ersten Sekunde des ersten Januar entstand die Materie: die Elementarteilchen und gleich darauf die einfachsten Atomkerne, Wasserstoff und Helium. Noch vor Ende Januar trennten sich Strahlung und Materie und die Galaxien bildeten sich. Die ersten Sterngenerationen in den Galaxien erzeugten in ihrem Inneren die höheren chemischen Elemente und schleuderten sie, zum Teil in Staubform, bei ihrer Explosion in das umgebende Gas. Kohlenstoff entstand besonders häufig; auf Staubkörnern in der Nähe von Sternen bildeten sich komplexe organische Moleküle.

Mitte August formte sich aus einer zusammenstürzenden Wolke von Gas und Staub unser Sonnensystem. Schon nach einem Tag befand sich die Sonne in ihrem heutigen Zustand und versorgte ihre Planeten mit einem ziemlich gleichmäßigen Strahlungsstrom, dessen Temperatur etwa 6000 Grad betrug. Da der übrige Himmel dunkel und kalt war, konnte die Erde die zugestrahlte Energie bei viel tieferer Temperatur wieder abstrahlen. Diese Verhältnisse auf der Erde ermöglichten zuerst komplexe chemische, dann biologische Strukturen. Von Mitte September stammen die ältesten Gesteine der Erdoberfläche, und in ihnen finden sich offenbar schon die ersten Spuren von Leben: fossile Einzeller. Bereits Anfang Oktober entwickelten sich fossile Algen, und im Laufe von zwei Monaten entstand, zunächst in den Gewässern, eine ungeheure Vielfalt von Pflanzen und Tierarten. Die ersten Wirbeltierfossilien datieren wir auf den 16. Dezember. Am 19. Dezember besiedelten die Pflanzen die Kontinente. Am 20. Dezember waren die Landmassen mit Wald bedeckt, das Leben schuf sich selbst eine sauerstoffreiche Atmosphäre, die das ultraviolette Licht zurückhielt und somit noch komplexere und empfindlichere Formen des Lebens ermöglichte. Schließlich entstanden am 22. und 23. Dezember aus Fischen amphibische Vierfüßler und eroberten feuchtes Land. Aus ihnen entwickelten sich am 24. Dezember die Reptilien, die auch das trockene Land besiedelten. Am 25. Dezember erschienen die ersten Säugetiere. In der Nacht zum 30. Dezember begann die Auffaltung der Alpen. In der Nacht zum 31. Dezember entsprang der Menschenzweig dem Ast, von dem ein weiterer Zweig zu den heutigen Menschenaffen führt. Mit etwa 20 Generationen pro Sekunde begann nun der Mensch seine Entwicklung. Fünf Minuten vor zwölf lebten die Neandertaler, 15 Sekunden vor zwölf wurde Jesus Christus geboren, eine halbe Sekunde vor zwölf begann das technische Zeitalter. Schon sind wir im neuen Jahr. Wie wird es weitergehen?

Die Entstehung der Strukturen im Universum

Deuterium, Helium und Lithium

Noch innerhalb der ersten Sekunde nach dem Urknall entstanden aus dem kosmischen Urgemisch Protonen und Neutronen in gleicher Anzahl, und aus diesen Grundbausteinen bildeten sich dann nach weiterer Abkühlung in einer Kette von Kernreaktionen die Atomkerne der leichten Elemente Deuterium, Helium und Lithium. Der Atomkern des Elements Deuterium setzt sich aus einem Proton und einem Neutron zusammen, die unterhalb von Temperaturen von 800 Millionen Grad stabil gebunden sind. Erst nachdem die Temperatur unter diese Schwelle gesunken war – wie man ausrechnen kann nach etwa drei Minuten – blieb Deuterium stabil, und durch die Anlagerung weiterer Protonen und Neutronen entstanden die Atomkerne von Helium und in geringem Maße von Lithium. Weil Atomkerne mit 5 oder 8 Nukleonen (Protonen oder Neutronen) instabil sind, gab es in dieser Frühphase keine Möglichkeit, schwere Elemente wie Kohlenstoff oder Sauerstoff mit 12 oder 16 Nukleonen zu bilden.

Die theoretische Vorhersage des Urknallmodells, dass Helium und Wasserstoff etwa im Verhältnis von eins zu dreizehn vorhanden sein sollten, stimmt mit astronomischen Beobachtungen gut überein. Dies ist eine Vorhersage des Modells, die keine zusätzlichen Annahmen benötigt und damit einen schönen Hinweis auf die Tragfähigkeit des Urknallmodells liefert.

Man kann sogar sagen, dass in den ersten Sekunden der Kosmos besonders exakt einem Friedmann-Lemaître-Modell folgt, denn jede kleine Abweichung vom Expansionsverhalten im Rahmen dieses Modells würde die Produktion von Helium verändern. Durch die heute vorhandenen präzisen Messungen der Häufigkeit von Helium kann eine derartige Abweichung weitgehend ausgeschlossen werden.

Die Erklärung der Elementsynthese von Helium und Deuterium ist ein schöner Erfolg des Urknallmodells. Sie ist von großer Bedeutung auch deshalb, weil die Produktion dieser Elemente in Sternen bei weitem nicht ausreicht, um die gemessenen Häufigkeiten des Helium zu erklären, und weil Deuterium überhaupt nicht in Sternen entsteht.

Strukturbildung

Etwas schwieriger ist die Frage der Galaxienbildung zu lösen, denn hier scheint ein gewisser Gegensatz augenfällig zwischen dem gleichförmigen kosmologischen Modell und den astronomischen Beobachtungen, die zeigen, dass die leuchtende Materie in scharf umgrenzten Bausteinen, den Galaxien, organisiert ist. Tatsächlich ist die Galaxienbildung in manchen Details noch nicht verstanden. An diesem aktuellen Forschungsgebiet der Kosmologie wird derzeit intensiv gearbeitet.

Eine grundlegende Annahme dabei ist es, die Entstehung der Galaxien als Entwicklungsprozess zu betrachten, in dem die heute beobachteten Strukturen aus anfänglich sehr kleinen Unregelmäßigkeiten der Materie- und Strahlungsverteilung entstanden sind. Kleine Abweichungen von der Gleichmäßigkeit müssen im Kosmos von Anfang an vorhanden gewesen sein, denn aus völliger Ebenmäßigkeit könnte nichts Komplexeres hervorgehen.

In diesem Entwicklungsprozess treten die zunächst nur schwach ausgeprägten Inhomogenitäten in der kosmischen Ursuppe auf Grund ihrer eigenen Schwerkraft im Laufe der Zeit immer deutlicher hervor, bis sie sich von der allgemeinen Expansion abtrennen und schließlich zu dichten Objekten zusammenballen, die dann der Expansion als ein ganzes Objekt folgen, das selbst nicht mehr expandiert.

Diese einleuchtende Idee gerät jedoch in folgende Schwierigkeit: Erst nach der Trennung von Strahlung und Materie, etwa 400 000 Jahre nach dem Urknall, als die Temperatur der Strahlung auf 3000 *Kelvin* abgesunken war und die frei vorhandenen Elektronen sich erstmals mit den Atomkernen zusammenfanden, konnten kleine Dichteinhomogenitäten anwachsen, denn zu früheren Zeiten wurde die Kondensation der Materie durch den Druck der energiereichen Strahlung verhindert.

Zu diesem Zeitpunkt, etwa 400 000 Jahre nach dem Urknall und bei einer Rotverschiebung von tausend, waren die Inhomogenitäten aber noch sehr klein, vergleichbar mit den Irregularitäten im Strahlungsfeld der kosmischen Hintergrundstrahlung von etwa einem Hunderttausendstel (10^{-5}). Da die Schwankungen in der Materie bis heute nur um einen Faktor tausend anwachsen können, denn die Amplituden der Dichtekontraste vergrößern sich proportional zur Rotverschiebung, erreichen sie nur Werte im Prozentbereich, aber nicht die Kontraste in der Dichte, die für Galaxien charakteristisch sind. Das Universum wäre demnach ziemlich homogen geblieben, es gäbe keine Galaxien und keine Sterne. In diesem Dilemma erinnerten sich die Kosmologen daran, dass die Dunkle Materie, die neben der normalen leuchtenden Materie einen Bestandteil des kosmischen Substrats bildet, einen Ausweg bieten könnte. Ein Untergrund aus Teilchen der dunklen Materie hat keine direkte Wechselwirkung mit der Strahlung, kann deshalb größere anfängliche Dichteschwankungen besitzen als normale Materie, wächst über einen längeren Zeitraum an und kann schließlich die Massenkonzentrationen bilden, in denen sich dann die normale Materie ansammelt. Die leuchtende Materie, also die Galaxien, wären sozusagen die Spitze eines Eisbergs aus dunkler Materie, der selbst nicht zu sehen ist, aber durch seine Schwerkraft die Verteilung und die Geschwindigkeit der Galaxien bestimmt.

Hinter diesen Überlegungen steckt mehr als nur ein gedanklicher Kunstgriff, denn es gibt astronomische Beweise hierfür. Diese Hinweise auf die Existenz dunkler Materie will ich hier kurz darstellen.

Die leuchtende Materie

Das Licht im sichtbaren Bereich wird von Sternen ausgesandt. In unserer Milchstraße und in einigen nahe gelegenen Galaxien kann man die Sterne noch als einzelne Individuen erfassen, aber von weiter entfernten Galaxien kommt nur noch ein diffuser Lichtschimmer. Doch auch dieses Licht wird von großen Teleskopen sehr effizient eingefangen, bis hin zu sehr schwachen Quellen. Die Astronomen machen nun das, was sie am liebsten tun: sie zählen. Sie zählen alle diese Galaxien bis zum winzigstens Lichtstäubchen und addieren die gesamte Strahlungsenergie auf. Dann versuchen sie den Raumbereich abzuschätzen, aus dem sie Licht gesammelt haben. Dazu muss neben den Positionen der Galaxien am Himmel auch ihre Entfernung bekannt sein. Damit kennt man das räumliche Volumen, aus dem die Strahlung stammt, und kann nun die Strahlungsenergie pro Volumen angeben.

Nun fehlt noch ein Schritt, um die Massendichte zu finden: Die Strahlung muss zur Masse in Beziehung gebracht werden.

Aus der Theorie des Sternaufbaus ist bekannt, wie viel Licht ein Stern bestimmter Masse aussendet, und aus genauen Beobachtungen der Sterne in der Sonnenumgebung weiß man außerdem, wie viele Sterne ungefähr in einem bestimmten Massenbereich enthalten sind. Es gibt sehr viele Sterne mit kleiner Masse und nur wenige mit großer, denn die kleinen leben lange, die großen kurz. Diese Tatsache kann man auch quantitativ ausdrücken und das mittlere Verhältnis von Masse und Leuchtkraft für Sterne angeben. Multipliziert mit der Energiedichte der Strahlung ergibt es auf diese Weise einen Wert für die mittlere Massendichte der leuchtenden Materie, der etwa ein halbes Prozent der kritischen Dichte, der Referenzdichte, die aus der Hubble-Konstanten H_0 und der Gravitationskonstanten gebildet wird, erreicht (ausgedrückt mittels des Dichteparameters Ω_* –* steht für Stern)

$$\Omega_* = 0,005$$

Dieser Wert ist mit gewissen Unsicherheiten behaftet, denn es könnte ja sein, dass die Galaxien, die registriert wurden, doch nicht so ganz typisch für die leuchtende Materie insgesamt sind. Auch die Unsicherheiten der Messung der Hubble-Konstanten müssen in Kauf genommen werden. Die Beobachter haben aber viele verschiedene Volumina ausgezählt – auch mit etwas unterschiedlichen Resultaten – und gefunden, dass dieser Wert für Ω_* ganz verlässlich ist. Er könnte vielleicht auch doppelt so groß sein, aber es steht ohne Zweifel fest, dass die leuchtende Materie maximal ein Hundertstel der kritischen Dichte erreicht.

Dunkle Materie in Galaxien

In den Spiralgalaxien sind die Sterne in einer flachen Scheibe angeordnet, die um das Zentrum rotiert. Die Astronomen haben die Rotationsgeschwindigkeiten bis zu großen Abständen genau vermessen. Dies gelingt durch die Beobachtung der Radiostrahlung, die von Wolken aus neutralem Wasserstoff emittiert wird, noch weit außerhalb der leuchtenden Scheibe. Es zeigte sich, dass die Masse nicht wie das Licht im Zentrum konzentriert ist, sondern dass es eine nichtleuchtende Materiekomponente gibt, die sich viel weiter erstreckt als das sichtbare Licht. Auch bei den Galaxien, die nur als leuchtendes Scheibchen ohne Spiralarme erscheinen (elliptische Galaxien) und die keine umfassende Rotation besitzen, fand man in den irregulären Geschwindigkeiten der Sterne Hinweise auf dunkle Massen. Die Masse in Galaxien trägt also insgesamt etwas mehr als die Masse in Sternen zur Dichte bei, sie erreicht etwa 1,5 Prozent der kritischen Dichte, also

$$\Omega_{Gal} = 0,015$$

Dunkle Materie in Galaxienhaufen

Die Galaxien selbst sind meist in größeren Strukturen eingebunden, vor allem in dichten Ansammlungen von vielen hundert Galaxien, sogenannten Haufen, die eine typische Größe von etwa tausend Lichtjahren haben. Man erwartet, dass diese Gebilde durch ihre eigene Schwerkraft gebundene Systeme sind. Allerdings sind die Geschwindigkeiten der Galaxien in diesen Haufen so groß, dass sie alle auseinander fliegen müssten, falls nicht zusätzliche dunkle Massen vorhanden sind, die sie gebunden halten. Für eine ganze Reihe von Haufen wurde durch Vermessung der Geschwindigkeiten eine Massenbilanz aufgestellt, die dazu zwingt, einen hohen Anteil an dunkler Masse für diese Objekte zu akzeptieren. Die nichtleuchtende Masse, die einzelne Galaxien in einem sphärischen »Halo« umgibt, reicht hierfür jedoch bei weitem nicht aus. Mindestens das Zehnfache an dunkler Materie ist nötig. Dieses Resultat wird auch durch weitere Beobachtungen bestätigt, wie die mit Satelliten registrierte starke Röntgenstrahlung der Galaxienhaufen. Sie stammt sehr wahrscheinlich von einem 100 Millionen Grad heißen Gas zwischen den Galaxien, das durch die Schwerkraft zusätzlicher nicht sichtbarer Massen gebunden sein muss, damit es nicht aus dem Haufen verdampft. Der Wert der Dichte passt zu dem aus der Bewegung der Galaxien erschlossenen.

Viele Galaxienhaufen wirken als Gravitationslinsen, das heißt, sie lenken die Lichtstrahlen ab, die von weiter entfernten Galaxien durch den Haufen zu uns gelangen, und verzerren so das Bild der Quellgalaxie. Die Art der Verzerrung erlaubt Rückschlüsse auf die Massenverteilung in den Galaxienhaufen. Auch diese Beobachtungen führen auf den gleichen hohen Anteil an dunkler Materie.

Insgesamt addiert sich damit die auf der Skala von Galaxienhaufen geklumpte Materie zu einem Wert $\Omega = 0,15$ auf. Die Unsicherheiten können beachtlich sein, so dass wir vorsichtshalber Werte bis zu $\Omega = 0,3$ annehmen sollten. Das verblüffende Ergebnis ist in jedem Fall, dass die Dunkle Materie deutlich überwiegt. Es ist 30-mal mehr dunkle, als leuchtende Materie vorhanden. Die normalen, uns bekannten chemischen Elemente, die »baryonische« Materie, wie die Physiker sagen, erreicht nur etwa fünf Prozent der kritischen Dichte. Es muss also auch Dunkle Materie geben, die nicht von der uns bekannten Art ist. Diese Schätzungen erfassen nicht eine gleichförmig verteilte Materie oder Energie, die auf der Dimension von Galaxienhaufen noch keine Klumpung zeigt. Welcher Art könnte diese Dunkle Materie sein?

Nichtbaryonische Dunkle Materie

Wie wir gesehen haben, liefern die astronomischen Messungen, vor allem auch die Analyse der kosmischen Hintergrundstrahlung, die wir noch besprechen werden, zahlreiche Hinweise auf die Existenz dunkler Materie, die neben einem kleinen Anteil normaler vor allem aus nichtbaryonischer Materie besteht. Die Elementarteilchen, aus denen dieser überwiegende Materieanteil besteht, sind uns nicht bekannt. Wir kennen zwar die Neutrinos als Vertreter dieser Spezies, doch ist deren Masse zu gering, um den geforderten Anteil zur dunklen Materie beizutragen, obwohl die Neutrinos in der kosmischen Frühphase in großer Zahl entstanden sind. Wir machen mit Neutrinos tagtäglich Bekanntschaft ohne es zu bemerken, denn im Innern der Sonne werden ständig Neutrinos erzeugt, die in stetem Strom die Erde erreichen und uns einfach durchqueren trotz ihrer riesigen Zahl von über hundert Milliarden Neutrinos pro Quadratzentimeter in jeder Sekunde. Davon spüren wir nichts, weil die Neutrinos nur eine äußerst geringe Wechselwirkung mit normaler Materie haben. Sie passieren fast ungehindert die Erde. In den großen Detektoren in den Minen von Kamioka oder Homestake, in Tonnen von Wasser, gibt es pro Tag nur eine Reaktion.

Die Kosmologen nehmen die Neutrinos als Vorbild und postulieren hypothetische Teilchen, die entsprechend schwach mit normaler Materie regieren, aber eine viel höhere Masse haben. In Experimenten wurden derartige Elementarteilchen bisher nicht gefunden, obwohl bereits einige Detektoren in unterirdischen Labors aufgebaut werden. Es gibt aber eine Vielzahl theoretischer Kandidaten, unter denen das sogenannte Neutralino zurzeit favorisiert wird, ein Teilchen ohne elektrische Ladung mit einer Masse, die einige Protonenmassen beträgt.

Galaxienbildung

Da die astronomischen Beobachtungen das Zehn- bis Hundertfache der leuchtenden Materie in der Form dunkler Materie finden, versucht man in diesem Modell zunächst einmal nur die Strukturen zu berechnen, die sich in der dunklen Materie herausbilden. In einem zweiten Schritt wird dann die normale baryonische Materie in den vorgeformten Schwerefeldern der dunklen Materie verteilt. Dieses Programm wird zurzeit von vielen Forschergruppen in aller Welt verfolgt.

Dunkle Halos und leuchtende Galaxien

Den Theoretikern ist es in den letzten Jahren gelungen, zumindest die Eigenschaften dieser Verteilung der Materie sowohl qualitativ als auch quantitativ zu reproduzieren.

Obwohl die Teilchen der dunklen Materie nur ihre gegenseitige Schwerkraft erfahren, wird die Berechnung ihrer Konfiguration nicht ganz einfach, denn man möchte Millionen dieser Teilchen rechnerisch verfolgen, um zu sehen, welcher Art die Strukturen sind, die sich ausbilden. Dies kann nur mit ausgedehnten Computer-Simulationen geschehen, die einiges Geschick im numerischen Rechnen erfordern.

Einige prinzipielle Aspekte können wir uns aber ohne viel Mathematik klar machen. Betrachten wir einen Raumbereich im expandierenden Universum, der etwas mehr Masse enthält als der Durchschnitt. Die eigene innere Schwerkraft dieses Bereichs bremst die kosmische Expansion stärker ab, als dies außerhalb geschieht. Deshalb verdunnt sich die Materie zwar auch in diesem Bereich, aber langsamer als im restlichen Kosmos. Der Kontrast zum Außenbereich wird also im Laufe der kosmischen Expansion anwachsen und irgendwann so groß werden, dass die Eigengravitation überwiegt. Dann trennt sich dieser Materieklumpen ab, dehnt sich nicht mehr weiter aus, sondern nimmt nur noch als Ganzes an der kosmischen Expansion teil. Diese Kondensation der dunklen Materie bezeichnet man als Halo. In diesem Halo sammelt sich nun auch etwas normale leuchtende Materie an, und Galaxien sowie Galaxienhaufen entstehen.

Nehmen wir der Einfachheit halber an, der Halo sei kugelförmig, dann ist nach der Abtrennung vom Rest des Universums die Dichte im Halo 180-mal größer als die mittlere kosmische Dichte. Tatsächlich erwartet man, wie neueste Simulationsrechnungen zeigen, eher elliptisch geformte Halos. Der Dichtekontrast ist aber ungefähr derselbe. Es können sich Halos verschiedener Größe bilden und darin auch Galaxien verschiedener Art und Zahl, zu verschiedenen Zeiten. In Farbabbildung 9 sehen wir einen Ausschnitt aus einer numerischen Simulation, in der 16 777 216 Teilchen der dunklen Materie in einem Würfel mit der Kantenlänge von 300 Millionen Lichtjahren rechnerisch erfasst wurden. In den hellen Gebieten ist die Dichte sehr hoch, und hier erwartet man auch die Entstehung leuchtender Objekte. Deutlich zu erkennen sind verschiedene großräumige Strukturen wie Bänder oder Filamente hoher Dichte und daneben ausgedehnte fast leere Gebiete. Alle diese qualitativen Züge stimmen völlig mit den tatsächlichen astronomischen Beobachtungen überein.

In Abbildung 5 sind die Ergebnisse des Las Campanas Redshift Surveys aufgetragen, der etwa 30 000 Objekte enthält mit Rotverschiebungen bis zu 0,2. Gemäß der Hubble-Expansion haben diese Galaxien Fluchtgeschwindigkeiten von bis zu 60 000 Kilometern pro Sekunde. Demgegenüber sind ihre Eigengeschwindigkeiten von einigen 100 Kilometern pro Sekunde unbedeutend. Man kann

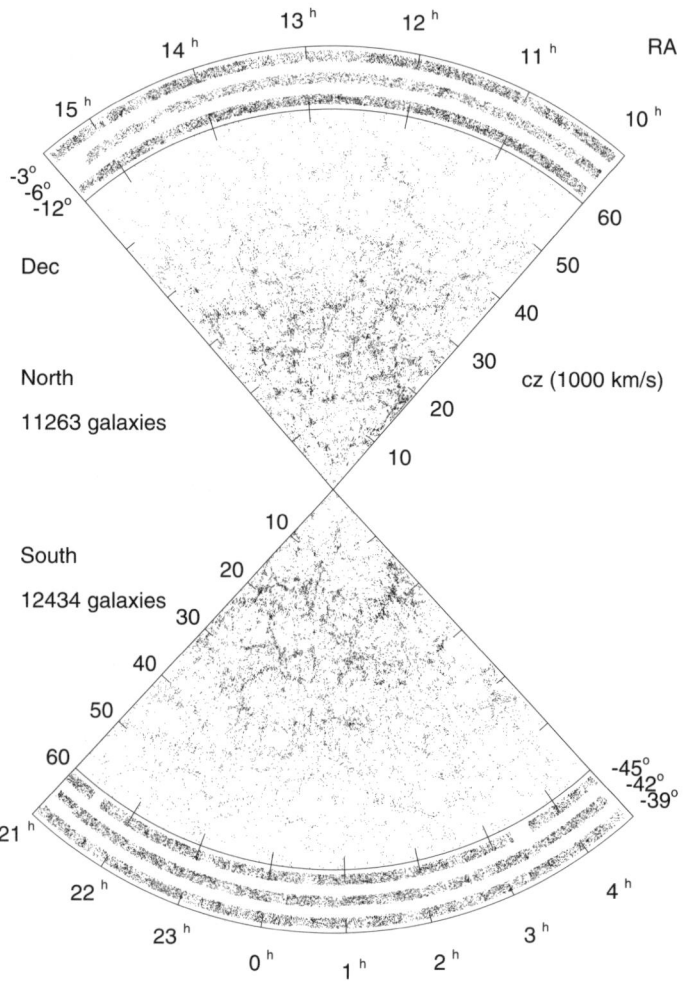

Abbildung 5 Moderne Messmethoden ermöglichen die Kartographierung der räumlichen Verteilung der Galaxien. Dazu bestimmen die Astronomen in vorgegebenen Himmelsausschnitten und Helligkeitsbereichen die Rotverschiebungen aller darin befindlichen Galaxien. Hier sind die etwa 30 000 im »Las Campanas Redshift Survey« erfassten Galaxien in einem Diagramm aufgetragen, in dem längs der Kante des Fächers die Rotverschiebung und quer dazu eine Himmelskoordinate gezählt wird. Obwohl nur Galaxien aus drei schmalen Streifen am Himmel aufgetragen sind, ist doch die Art der Verteilung zu erkennen: In einer zell- oder schwammartigen Struktur sind die Galaxien in den »Wänden« lokalisiert und umschließen große, nahezu leere Räume. In diesem Diagramm befindet sich der Beobachter an der Spitze des Fächers und überblickt nach Nord und Süd einen Winkelausschnitt.

also das Hubblesche Gesetz benützen, um die Entfernung der Galaxien festzulegen, und damit gelangt man, wenn man die Position am Himmel hinzu nimmt, zu einem dreidimensionalen Bild ihrer Verteilung. Das Bild 5 enthält die Galaxien aus drei streifenförmigen Gebieten am Himmel von je 6 Grad Breite und einer Längenausdehnung (der sogenannten Rektaszension) von 120 Grad. In diesem keilförmigen Bild sind die Galaxien mit ihrer Längenkoordinate und der Rotverschiebung aufgetragen, während die Ausdehnung in der Breite komprimiert ist. Der Beobachter befindet sich in der Spitze des Keils.

Das räumliche Bild wirkt außerordentlich inhomogen. Fast alle Galaxien liegen in ausgedehnten dünnen Schichten, die wie eine Haut große fast leere Gebiete umschließen. Die Vorstellung einer schwammartigen Verteilung, bei der die Galaxien in den dünnen Wänden von nahezu kugelförmigen Bereichen liegen, scheint zutreffend. Reiche Haufen von Galaxien finden sich an den Stellen, an denen mehrere Wände aneinander stoßen.

Um auch quantitative Vergleiche anstellen zu können, muss man sich ein Verfahren überlegen, wie Galaxien in den Halos aus dunkler Materie anzusiedeln sind. Natürlich ist dies eigentlich durch die grundlegenden physikalischen Prozesse vollkommen festgelegt, aber man ist noch nicht in der Lage, die komplexen Vorgänge der Heizung und Kühlung des Gases, der Sternentstehung und der Sternexplosionen durchzurechnen. Deshalb probiert man verschiedene Verfahren aus, die meist abhängig von der Masse und Entwicklungsgeschichte eines Halos massereiche oder masseärmere, einige wenige oder zahlreiche Galaxien darin ansiedeln. Die quantitativen Vergleiche mit den Beobachtungen erfolgen auf der Basis von raffinierten Statistiken. Dabei zeigt sich, dass die Verteilung der Galaxien im Raum und auch ihre mittlere Geschwindigkeit in den Modellen richtig wiedergegeben werden, sofern man die anfänglichen Schwankungen der Dichte und das kosmologische Modell geeignet wählt. Am besten passen Modelle mit kritischer Dichte $\Omega = 1$, wobei 30 Prozent der Dichte durch die Dunkle Materie und 70 Prozent durch eine kosmologische Konstante beigetragen werden.

Dies stimmt exzellent mit den Messungen der kosmischen Hintergrundstrahlung überein, die wir auf Seite 67/68 angeben.

Da mittlerweile auch bei sehr großen Rotverschiebungen viele Galaxien vermessen werden, kann das Entwicklungsmodell der Galaxien nicht nur am gegenwärtigen Zustand, sondern auch in früheren Epochen überprüft werden. Alle diese Tests zeigen, dass die theoretischen Vorstellungen zwar noch nicht alle Details korrekt wiedergeben, aber doch eine zuverlässige Beschreibung der Strukturbildung darstellen.

Die ersten kondensierten Wasserstoffwolken beobachten die Astronomen bei Rotverschiebungen von 6. Diese frühe Epoche ist natürlich nur mit den größten Teleskopen zu erreichen, und auch mit diesen erhält man keine Bilder, sondern nur einzelne Spektrallinien. Schon in diesen Spektren findet man aber nicht nur die Linien der Elemente Wasserstoff und Helium, sondern auch Beiträge von schwereren Elementen. Es muss also selbst in dieser frühen Phase bereits Sterne gegeben haben, die das kosmische Material nach ihrer Explosion mit Spuren von Kohlenstoff, Sauerstoff und Magnesium angereichert haben. Bei Rotverschiebungen von 3 finden die Astronomen richtig ausgebildete Galaxien mit leuchtenden Sternen in großer Zahl. Jede Galaxie sollte von einem Halo aus dunkler Materie umgeben sein. Seit einigen Jahren wird der Halo unserer Milchstraße in großen Beobachtungsprogrammen untersucht. Dabei machen sich die Astronomen den »Mikrolinseneffekt« zunutze: Falls der Halo aus dunklen Himmelskörpern bestünde, denen der hübsche Name »Machos« (Massive Compact Halo Objects) gegeben wurde, so würde das Licht ferner Sterne für kurze Zeit deutlich verstärkt, nämlich genau dann, wenn die gerade Linie vom Beobachter zum Stern einen dunklen Körper streift. Dieser selbst ist nicht sichtbar, wohl aber die Wirkung seines Schwerefeldes auf die vom Stern kommenden Lichtstrahlen. Sie werden etwas abgelenkt und insgesamt so gebündelt, dass die Helligkeit des Sterns ansteigt und, nachdem der dunkle Körper vorbeigezogen ist, völlig symmetrisch wieder abfällt.

Millionen von Sternen in der Großen Magellanschen Wolke werden seit einigen Jahren überwacht. Ein Dutzend Mikrolinsenereignisse wurde bisher beobachtet. Daraus schließen die Forscher, dass etwa 30 Prozent der Masse des Halo in der Form kleiner, nichtleuchtender Himmelskörper vorhanden ist. Die restlichen 70 Prozent liegen wohl in der Form von ungebundenen exotischen Elementarteilchen vor.

Sterne und Elemente

In den ersten Vorstufen von Galaxien, die sich formten, als das Universum etwa ein Siebtel seiner heutigen Größe aufwies und 300-mal dichter war als heute, entstanden auch die ersten Sterne. Im Inneren dieser massereichen Sterne wurden die schweren Elemente – Kohlenstoff, Sauerstoff, Eisen etc. – erzeugt. Jedes Kohlenstoff- und Sauerstoffatom in unserem Körper entstand im Inneren eines Sterns, wurde nach dessen Explosion in den interstellaren Raum geschleudert, um schließlich bei der Entstehung des Sonnensystems auf die Erde zu gelangen. Wir bestehen buchstäblich aus Sternenstaub. Sterne einer zweiten Generation, bei deren Entstehung schon die schweren Elemente zur Verfügung standen, und die nachfolgende Bildung von Planetensystemen sind also eine Folge von Entwicklungsprozessen, die im frühen Universum begonnen haben.

Die riesige Zeitspanne von einigen Milliarden Jahren ist notwendig, damit die schwache Gravitationskraft genügend große Massen gegen den alles auseinander reißenden Urschwung der kosmischen Explosion konzentrieren kann. Der gleichmäßige Energiestrom eines Sterns wie unsere Sonne und die feste Oberfläche eines Planeten mit ihrer Konzentration schwerer Elemente schaffen schließlich die Voraussetzungen für die Entstehung komplexer biologischer Strukturen.

Die kosmische Hintergrundstrahlung

Im Rahmen des Urknalls findet die oben schon angesprochene kosmische Hintergrundstrahlung (kurz CMB) eine einfache Erklärung als Relikt einer heißen Frühphase des Kosmos. Damit ist sie auch ein wichtiger Stützpfeiler dieses Modells, denn außer den indirekten Indizien der Elementhäufigkeit gibt es keinen anderen experimentellen Nachweis der kosmischen Frühgeschichte. Alternative kosmologische Modelle, die gelegentlich diskutiert werden, versagen zumeist, wenn es darum geht, die gleichförmige Verteilung und das Spektrum des CMB zu reproduzieren. Wegen ihrer enormen Bedeutung für unsere Kenntnis vom Universum will ich in diesem Abschnitt die Eigenschaften des CMB etwas eingehender besprechen. Auch deshalb, weil die Analyse der kleinen Unregelmäßigkeiten, der Anisotropie des CMB, einen neuen Zugang zur Bestimmung der kosmischen Energie- und Materiedichte eröffnet hat, durch den die astronomischen Beobachtungen ergänzt und präzisiert werden.

Verfolgen wir die Geschichte des Kosmos im Rahmen der einfachen Modelle immer weiter in die Vergangenheit zurück, so sehen wir, dass in der Frühzeit im kosmischen Strahlungsfeld genügend viele energiereiche Photonen vorhanden waren, um alle Wasserstoffatome im ionisierten Zustand zu halten, das heißt die Wasserstoffkerne, die Protonen, daran zu hindern, sich mit den Elektronen zu einem Atom zu verbinden. Dies war noch der Fall, als die mittlere Strahlungstemperatur etwa 3000 Kelvin betrug. Zu dieser Zeit, circa 400 000 Jahre nach dem Urknall, hatten noch etwa eines von einer Milliarde der Photonen im CMB eine größere Energie als die Ionisationsenergie des Wasserstoffs von 13,6 eV. Das reichte, um die vorhandenen Wasserstoffkerne von den Elektronen getrennt zu halten. Die Materie bestand aus einem ziemlich gleichförmigen heißen Plasma. Sterne oder Galaxien gab es in dieser Frühphase noch nicht.

Doch bei weiterer Abkühlung infolge der Expansion entstanden in diesem heißen Urbrei allmählich erste Formen. Bei Temperaturen unterhalb von 3000 K begannen die freien Elektronen sich mit den Atomkernen zu Wasserstoff und Helium zu verbinden. In dieser Epoche der »Rekombination«, wie sie unglücklicherweise benannt wurde, denn eigentlich entstanden zum ersten Mal in der kosmischen Geschichte Wasserstoff- und Heliumatome, wurde das Universum durchsichtig, die Streuung der Photonen an Elektronen wurde stark reduziert. Dies geschah binnen kurzer Zeit, jedoch nicht ganz plötzlich, denn dieser Prozess der Rekombination dauerte etwa 40 000 Jahre. Allerdings macht diese Epoche der kosmischen Geschichte sich im Spektrum des CMB überhaupt nicht bemerkbar. Die Tatsache, dass keine Abweichung von einem Planckschen Spektrum (Abb. 2) mit einer präzisen Temperatur von

$$T_\gamma = 2{,}728 \pm 0{,}002 \, \text{Kelvin}$$

gefunden wurde, ist ein weiterer, sehr schöner Hinweis auf die Gültigkeit der einfachen kosmologischen Urknall-Modelle: Die Energie der Photonen und die Strahlungstemperatur müssen auch während der 40 000 Jahre dauernden Rekombinationsphase perfekt der kosmischen Expansion gemäß den Gleichungen der Modelle gefolgt sein. Deshalb blieb die Form der Planck-Kurve unverändert, während die Intensität des CMB sich proportional zur vierten Potenz der Temperatur, T^4, verringerte.

Akustische Schwingungen im frühen Universum

Aus dem CMB lässt sich aber noch mehr herauslesen. Vor der Rekombinationszeit hatten sich in der dunklen Materie schon erste, schwach ausgeprägte Massenkonzentrationen gebildet. Das eng verkoppelte Plasma aus Photonen und Baryonen (im Wesentlichen Wasserstoff- und Heliumkerne) folgte diesen Kondensationen, doch dem Wunsch der Baryonen nach Zusammenballung stand der Druck der Photonen entgegen, durch den diese Plasmawolken wieder auseinandergetrieben wurden. Im Widerstreit der Kräfte begannen sie zu schwingen – ganz analog zu Schallwellen. Die größte schwingende Plasmawolke war gerade bis zur

Rekombinationszeit einmal von einer Schallwelle durchlaufen worden. Noch größere Wolken konnten noch keinen Gegendruck aufbauen, sondern folgten einfach der Schwerkraft und zogen sich langsam zusammen. Kleinere Wolken oszillierten mit höherer Frequenz. Alle Schwingungen waren perfekt synchronisiert durch den Urknall. Bei der Kontraktion und Verdichtung wurde das Photonengas heißer, bei der Verdünnung, beim Auseinanderlaufen, kühlte es sich ab. Zur Rekombinationszeit verließen die Photonen die Plasmawolken. Sie finden sich nun mit leicht unterschiedlichen Temperaturen in den Detektoren der Astronomen wieder. Die Temperaturschwankungen sollten sich dabei als heißere und kühlere Bereiche im CMB zeigen.

Tatsächlich haben schon 1992 Messungen mit dem NASA-Satelliten COBE zu Himmelskarten des CMB geführt, auf denen Schwankungen in Form kalter und weniger kalter Flecken mit relativen Amplituden von $\Delta T/T \simeq 10^{-5}$ erschienen (Farbabb. 10). Die Instrumente von COBE hatten eine geringe Auflösung, der Satellit war zu »kurzsichtig«, um kleine Strukturen zu erkennen; die Winkelausdehnung musste mindestens sieben Grad betragen, damit ein Bereich als Messpunkt identifiziert werden konnte. Beim Blick auf die Erde wäre ganz Bayern gerade nur ein Messpunkt für COBE (Farbabb. 11). Die Intensitätsschwankungen, die man als Keime für die Entstehung von Galaxienhaufen und Galaxien erwartet, zeigen sich aber erst auf Skalen von deutlich unter einem Grad.

Im Jahr 2001 wurde der amerikanische Satellit MAP gestartet, der eine Karte des gesamten Mikrowellenhimmels mit einer Winkelauflösung von etwa 15 Bogenminuten im Wellenlängenbereich zwischen 3 mm und 1,5 cm aufnimmt. Er wurde später umbenannt in WMAP, um den im September 2002 verstorbenen David T. Wilkinson zu ehren, einen Pionier der CMB-Erforschung. Der europäische Satellit Planck wird 2008 folgen. Mit einer Winkelauflösung von 5 Bogenminuten wird er einen erheblich breiteren Wellenlängenbereich zwischen 1 cm und 0,3 mm Wellenlänge überdecken. Die Winkelauflösung von Planck wird erstmals dazu ausreichen, das gesamte Spektrum der akustischen Schwingungen zu erfassen. Planck wird in der Lage sein, Temperaturschwankungen von einem Mikrokelvin zu messen.

Beide Satelliten messen nicht nur die Intensität der kosmischen Mikrowellenstrahlung, sondern auch ihre Polarisationseigenschaften, aus denen man zusätzliche kosmologische Informationen gewinnen kann. Temperatur- und Polarisationsmessungen mit der erforderlichen Präzision sind durch die Enthüllung neuer Transistoren und Strahlungssensoren möglich geworden, die zum Teil auf Temperaturen von 100 mK gekühlt werden müssen.

WMAP und Planck messen an einem von der Erde weit entfernten Punkt, an dem sich die Gravitations- und die Zentrifugalkraft, die auf die Satelliten wirken, gerade aufheben. An diesem äußeren Lagrangepunkt ist es möglich, dass die Satelliten Erde und Sonne immer gleichzeitig im Rücken behalten können, wodurch störende Strahlung erheblich reduziert wird.

Mittlerweile sind die Beobachtungsdaten von WMAP für die ersten drei Jahre der Beobachtungen analysiert worden. Es ergab sich eine Himmelskarte, die quantitativ gut mit früheren Experimenten übereinstimmt (Farbabb. 10).

Als Ergebnis dieser Messungen erhalten die Astronomen eine Abfolge von Maxima und Minima der gemittelten Temperaturschwankungen in Abhängigkeit von der Winkelgröße am Himmel, über die gemittelt wurde (Abb. 6). Das erste Maximum entspricht der größten akustischen Schwingung – der Strecke, die eine Schallwelle vom Urknall bis zur Rekombinationszeit zurücklegen konnte. Diese Länge erscheint am CMB-Himmel als Signal bei einem Winkel von etwa einem Grad. Daraus lassen sich interessante Schlüsse über die Struktur des Raumes ziehen, denn der Winkel, unter dem man eine bestimmte Strecke sieht, wird durch die Krümmung des Raumes bestimmt. Bei positiver Krümmung nimmt dieselbe Strecke einen größeren Winkel ein als bei Krümmung null, bei negativer Krümmung einen kleineren.

Der gemessene Wert passt zur Krümmung null, das heißt das Universum gehorcht der euklidischen Geometrie – es ist geometrisch so einfach wie nur möglich. Krümmung null bedeutet auch,

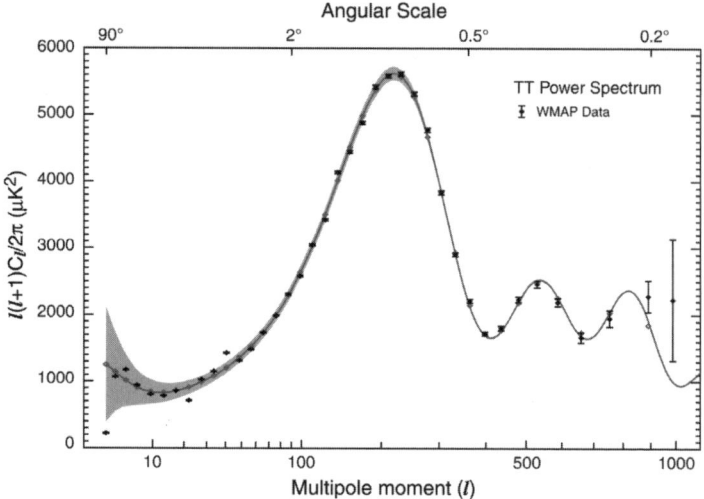

Abbildung 6 Die Kurve in dieser Abbildung ist das Ergebnis einer statistischen Analyse der Temperaturschwankungen im kosmischen Mikrowellenhintergrund, wie sie nach dreijähriger Beobachtungszeit an den Messdaten des WMAP-Satelliten ermittelt wurden. Aus dem Verlauf der Kurve in Abhängigkeit von einer Größe ℓ, dem sogenannten »Multipolindex«, den man mit der Winkelausdehnung ($100/\ell$ Grad) am Himmel in etwa in Beziehung setzen kann, lassen sich viele kosmologische Größen genau bestimmen. Die regelmäßige Folge von Maxima weist darauf hin, dass die theoretischen Modelle der Strukturentstehung aus kleinen Anfangsschwankungen zutreffen, und die Lage des ersten Maximums bei der Winkelausdehnung von 1° deutet darauf hin, dass die mittlere Dichte im Kosmos den kritischen Wert erreicht, dass also der Raum euklidisch ist (*mit freundlicher Genehmigung der WMAP collaboration*).

dass die gesamte Masse- und Energiedichte Ω_{tot} den kritischen Wert $\Omega_{tot} = 1$ erreicht. Die genaue Analyse ergibt

$$\Omega_{tot} = 1{,}02 \pm 0{,}02 \ .$$

Nur eine kleine positive oder negative Krümmung ist im Rahmen der Messgenauigkeit zugelassen.

Bei den akustischen Schwingungen folgt auf die Verdichtung eine Verdünnung, und je mehr baryonische Materie vorhanden ist, desto stärker ist die Verdichtung ausgeprägt. Das Verhältnis

Materie und Energie im Universum:
Eine merkwürdige Bilanz

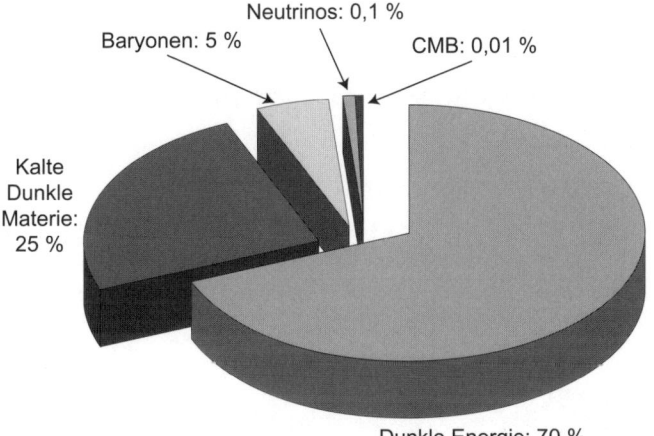

Abbildung 7 Die bemerkenswerte Zusammensetzung des kosmischen Substrats wird in diesem Diagramm deutlich. Nur etwa 5 % der kosmischen Materie- und Energiedichte sind uns bekannt: Der mit »Baryonen« beschriftete Sektor bezeichnet den Anteil der uns bekannten Materie, der Elemente des Periodischen Systems. Bekannt sind auch die geringen Anteile der kosmischen Mikrowellenstrahlung (als »CMB« markiert) und der Neutrinos. Unbekannt dagegen sind Dunkle Materie (25 %) und Dunkle Energie (70 %).

der Amplituden erlaubt die Einschränkungen (für eine Hubble-Konstante von 70)

$$\Omega_B = 0{,}044 \pm 0{,}008$$

für die baryonische Materie und

$$\Omega_{CDM} = 0{,}26 \pm 0{,}01$$

für die Dunkle Materie abzuleiten. Diese Wertebereiche sind in Einklang mit anderen astronomischen Messungen.

Die baryonische und die Dunkle Materie zusammen erreichen bei weitem nicht den Wert $\Omega_{\text{tot}} = 1$. Es muss deshalb eine weitere Komponente der kosmischen Materie geben, die für dieses Defizit geradesteht. Diese Komponente muss sehr gleichmäßig verteilt sein; sie darf keine Klumpung auf der Skala von Galaxienhaufen oder darunter aufweisen. Eine konstante oder nahezu konstante kosmische Energiedichte Ω_Λ muss vorhanden sein, mit

$$\Omega_\Lambda = 0,71 \pm 0,13 \, .$$

Eine beste Anpassung an die CMB-Messungen ergibt für die kosmischen Parameter

$$\Omega_{\text{tot}} = 1 \, , \quad \Omega_\Lambda = 0,7 \, , \quad \Omega_{\text{CDM}} = 0,26$$
$$\Omega_B = 0,04$$

(siehe Abb. 7).

Dunkle Materie und Dunkle Energie

Obwohl die Physiker die Natur der dunklen Materie noch nicht kennen, gibt es aus astronomischen Beobachtungen viele Hinweise, dass sie in Galaxien und Galaxienhaufen zu finden ist. Wie schon dargelegt wurde, vermutet man, dass sie aus noch unbekannten Elementarteilchen besteht, nach denen in verschiedenen Experimenten gefahndet wird.

Es bleibt aber noch eine Deckungslücke in der kosmischen Energiebilanz von etwa 70 Prozent der kritischen Dichte. Die Physiker neigen dazu, das Defizit durch die Energie eines speziellen Feldes oder durch die Energie des Vakuums, des Grundzustands der Welt, auszugleichen, in Erinnerung an die bald wieder aufgegebenen Versuche Einsteins, eine »kosmologische Konstante« einzuführen. Eine derartige, nahezu konstante Feldenergie würde die kosmische Expansion beschleunigen, im Gegensatz zu den Massen im Kosmos, die durch ihre gegenseitige Schwerkraftwirkung die Expansion abbremsen. Diese sogenannte »Dunkle Energie« wäre eine Größe, die in einem mit der Expansion sich ausdehnenden Volumen proportional zu diesem Volumen zunehmen würde – anders ausgedrückt, ihre Dichte bliebe konstant. Ein Gas aus Teilchen dagegen hätte einen Energieinhalt, der im expandierenden Volumen konstant bliebe, seine Energiedichte nähme also proportional zum Volumen ab. Dieser Unterschied bedeutet auch, dass die Dunkle Energie, wie klein sie auch anfangs gewesen sein mag, im Laufe der Zeit dominieren wird.

Was steckt nun hinter dieser dunklen Energie? Eine Deutung dieser Größe als Energie des Vakuums könnte die Quantentheorie liefern. Quantentheoretisch betrachtet ist der leere Raum ein komplexes Gebilde, durchzogen von einem Geflecht aus fluktuierenden Feldern, die zwar nicht beobachtet werden können, aber zu einer Energie des Grundzustandes beitragen. Einige dieser Beitäge können die Theoretiker ganz gut abschätzen, aber sie erhalten einen Wert, der um etwa 108 Größenordnungen den Wert übertrifft, den die Beobachtungen nahe legen. Andere Beiträge, die (noch) nicht berechnet werden können, würden vielleicht diesen Wert ausbalancieren, aber dieser Ausgleich müsste dann mit unvorstellbarer Präzision bis auf 108 Stellen nach dem Komma erfolgen. Es ist ein ungelöstes Rätsel der Quantenphysik, wie das geschehen könnte.

Es ist sehr bemerkenswert, dass hier durch die astronomischen Messungen auf ein echtes Problem der Quantentheorie hingewiesen wird, denn die Vakuumenergien sind ja in den verschiedenen theoretischen Ansätzen zur Elementarteilchenphysik immer vorhanden, sie wirken aber offensichtlich nicht auf die Gravitation. Eine Illustration dazu hat der brillante theoretische Physiker und Nobelpreisträger Wolfgang Pauli aufgezeigt. Einige Jahre nach der Darlegung der allgemeinen Relativitätstheorie durch Albert Einstein berechnete Pauli den Radius des Universums, der sich ergibt, wenn man die Nullpunktsenergie des elektromagnetischen Feldes in die Gleichungen einsetzt. Er fand, dass der Radius dieses Universums kleiner als die Distanz vom Mond zur Erde wäre, oder anders ausgedrückt, die Lichtstrahlen in diesem Kosmos so stark gebogen wären, dass wir nicht einmal bis zum Mond sehen könnten. Dies zeigt, wie groß die Diskrepanz zwischen theoretischer Vorhersage und den wirklichen Verhältnissen sein kann. Die endgültige Theorie, wenn sie jemals gefunden wird, müsste auch erklären, wieso die Energiedichte des Vakuums gravitativ keine Rolle spielt, im Gegensatz zu allen anderen Formen von Energiedichten. Natürlich besteht die Hoffnung, dass eine grundlegende Theorie, die Quantentheorie und Gravitation umfasst, unser Verständnis dieser Fragen entscheidend verbessern wird. Doch im Augenblick müssen wir einfach das Problem zur Kenntnis nehmen. Wir sollten an dieser Stelle auch anmerken, dass in Laborexperimenten diese Schwierigkeit nicht besteht, denn dabei werden stets Energiedifferenzen wirksam. Nur wenn das Universum als Ganzes zum Labor wird, kommt der absolute Wert der Energiedichte ins Spiel.

Somit bleiben zunächst nur die Versuche, unsere Unkenntnis mathematisch zu präzisieren, etwa durch die Beschreibung der dunklen Energie als Energie eines Feldes mit passenden Eigenschaften. Auch der schöne Name »Quintessenz« ist für diese kosmische Energiedichte verwendet worden. Tatsächlich bleibt es ein Rätsel, warum diese Dunkle Energie überhaupt vorhanden ist und warum sie gerade jetzt die kosmische Expansion bestimmt. Bleibt die Dunkle Energie konstant, so wird die kosmische Expansion sich immer weiter beschleunigen und stets weitergehen. Die Verknüpfung mit dem Konzept der Feldenergie bietet aber auch die interessante Möglichkeit, dass in der Zukunft durch das zeitliche Verhalten des Feldes überraschende Wendungen in der kosmischen Entwicklung auftreten.

Der Fünfprozent-Effekt

Die intensive Beschäftigung mit dem expandierenden Kosmos hat uns einige Erkenntnisse gebracht. Offensichtlich bietet das Urknallmodell, das wir besprochen haben, einen passenden Rahmen, um die kosmologisch relevanten Beobachtungen darzustellen und in einem Modell der kosmischen Evolution auch weitgehend zu erklären. Die Bildung der Elemente, die Ausformung der Strukturen im Kosmos, all dies lässt sich ohne viel Aufwand in

diesem Modell verstehen. Allerdings bleibt ein großer Wermuts-
tropfen – eigentlich ein ganzer Becher –, denn 95 Prozent des kosmischen Substrats sind uns nicht bekannt. Wir selbst, die Dinge
um uns, die Planeten und Sterne, sind nur eine Randerscheinung,
ein Fünfprozent-Effekt. Warum ist das so? Können wir hier noch
ein bisschen mehr erklären?

Es scheint, als müssten wir dazu den Bereich des gesicherten
Wissens verlassen und uns einige spekulative Ideen über die frühesten Epochen im Universum ansehen.

Die erste Sekunde

In der Theorie des frühen Universums können wir mit einiger
Sicherheit die physikalischen Prozesse beschreiben, wenn wir
bis zu einer Sekunde nach dem Urknall warten, denn dann gilt
bereits die aus den irdischen Labors wohlbekannte Physik. Doch
die ersten Sekundenbruchteile nach dem Urknall sind allein der
mehr oder weniger gut begründeten spekulativen Überlegung
zugänglich. Wenn das Standardmodell immer weiter in Richtung
auf den Urknall verfolgt wird, so kommen thermische Energien
ins Spiel, die weit über den in irdischen Beschleunigern erreich-
baren liegen. Schließlich wachsen Temperatur und Dichte über
alle Grenzen im anfänglichen Feuerball. Direkt am Urknall ver-
sagt die physikalische Beschreibung durch das kosmologische
Modell. Die Einsteinsche Gravitationstheorie verliert hier ihre
Gültigkeit. Immerhin zeigt sie aber selbst ihre Grenzen auf.

Die beliebte Frage »Was war vor dem Urknall?« führt über
diese Grenzen hinaus und wird von Physikern oft als »unzulässig«
empfunden, da ja die Zeit erst im Urknall entstand, also ein vorher
liegender Zeitpunkt nicht vorhanden sein kann, wenigstens nicht
in diesem Modell. Es ist aber durchaus legitim nachzufragen, ob
für diesen Anfang des Kosmos Vorbedingungen irgendeiner Art
denkbar sind.

Es ist höchstwahrscheinlich eine Abkehr von der Beschreibung des Kosmos durch eine klassische Raumzeit notwendig,

wenn man weitergehende Aussagen über den Anfang gewinnen will. Ganz nahe an der Urknall-Singularität wird auch das ganze Universum selbst in einem gewissen (im Augenblick noch etwas verschwommenen) Sinne ein Quantenobjekt. Ohne eine übergeordnete Theorie, die Quantenmechanik und Gravitation umfasst, müssen alle Beschreibungsversuche als mehr oder weniger gut motivierte Spekulation gelten. Solange es diese Theorie nicht gibt, kann man einen bescheideneren Zugang versuchen und fragen, welche Konsequenzen sich ergeben, wenn man die Quanteneigenschaften von Materie und Strahlung, wie sie bei hohen Energien in den Theorien beschrieben werden, in Beziehung zur klassischen Raumzeit des Standardmodells setzt.

Es ist ein faszinierendes Gedankenspiel mit den Möglichkeiten der Kosmologie und der Teilchentheorie zu spekulieren, welches Mindestmaß an Struktur dem Urknall von vorneherein aufgeprägt sein musste und welche Eigenschaften sich aus physikalischen Prozessen entwickeln konnten.

Die Vorstellungen der Elementarteilchenphysik, die hier wichtig sind, werden erst im zweiten Teil des Buches ausführlicher besprochen und in diesem Abschnitt nur in Grundzügen erwähnt. Trotzdem will ich bereits hier einige wichtige Verknüpfungen von Kosmologie und Teilchenphysik aufzeigen. Ein typisches Beispiel dafür ist der Versuch, das Verhältnis von Strahlungs- zu Materieteilchen zu verstehen: Etwa 10 Milliarden Strahlungsquanten treffen auf ein Materieteilchen im jetzigen Zustand des Kosmos.

Dieses Zahlenverhältnis bedeutet für den Frühzustand, in dem die heiße Ursubstanz im Wesentlichen aus Teilchen und Antiteilchen (von gleicher Masse, aber entgegengesetzter Ladung wie das entsprechende Teilchen) bestand, dass es einen winzigen Überschuss von einem Teilchen gegenüber zehn Milliarden Teilchen und Antiteilchen gab. Im Laufe der Expansion wurde die Ursubstanz kühler, Teilchen und Antiteilchen annihilierten sich zu Strahlung, und es blieb der kleine Überschuss an Teilchen von eins zu einer Milliarde. Dem verdanken wir unsere Existenz! Man untersucht nun, ob diese kleine Unsymmetrie aus einem völlig symmetrischen Anfangszustand durch die Wechselwirkungen der Elementarteilchen erzeugt werden kann. Neuere theoretische Überlegungen lassen es als sehr plausibel erscheinen, dass ein dafür geeigneter Prozess ablaufen könnte, wenn die elektroschwache Kraft sich aufspaltet in die schwache und die elektromagnetische Kraft, 10^{-10} Sekunden nach dem Urknall.

Das Inflationsmodell

In den Versuchen der Kosmologen, möglichst nahe am Urknall das Verhalten des Kosmos zu beschreiben, spielte in den letzten 25 Jahren das Modell des »inflationären Universums« eine Hauptrolle. Was geschähe, wenn ganz zu Anfang nicht Strahlung und Materie, sondern die Energie eines Feldes für das Expansionsverhalten wichtig wäre? Dies fragten sich 1981 unabhängig voneinander Physiker in Japan, der Sowjetunion und den USA. Alle fanden, dass in diesem Fall eine dramatische Änderung der kosmischen Expansion stattfinden könnte, eine extreme Beschleunigung der Ausdehnung, bei der sich der Abstand zweier Teilchen alle 10^{-35} Sekunden etwa verdoppeln würde. In der winzigen Zeitspanne von 10^{-35} bis zu 10^{-33} Sekunden nach dem Urknall – charakteristisch für derartige Modelle – wäre der Abstand der Teilchen um den Faktor 10^{29} vergrößert worden, während im strahlungserfüllten kosmologischen Modell nur ein Wachstum um das Hundertfache erreicht worden wäre. Angetrieben wird diese »inflationäre« Aufblähung durch die Energie eines »skalaren« Feldes, dessen Existenz postuliert wird, in Anlehnung an die Entwürfe einer einheitlichen Theorie der Elementarteilchen, der sogenannten GUT (»Grand Unified Theory«, siehe Teil 3). Felder dieser Art, sogenannte »Higgs-Felder«, dienen in GUTs zur Darstellung der Symmetrieveränderungen, durch die schließlich aus einer einzigen Urkraft die heute beobachtete Hierarchie der fundamentalen Kräfte entsteht. Obwohl die Existenz solcher skalarer Felder experimentell noch nicht nachgewiesen werden konnte, wird doch durch diese Entwürfe nahe gelegt, das früheste Universum von skalaren Feldern erfüllt zu sehen. Dabei könnte sich der Kosmos aus einer anfänglichen Phase hoher Symmetrie mit einer hohen Energiedichte des skalaren Feldes im Zuge forschreitender Expansion und Abkühlung in einen Zustand geringerer Energiedichte des Feldes und niedrigerer Symmetrie entwickeln. Läuft nun dieser Übergang aus der symmetrischen in die unsymmetrische Phase nicht unmittelbar ab, sondern ereignet sich allmählich oder verzögert, so kann die Energiedifferenz zwischen den verschiedenen Zuständen des Skalarfeldes auch die kosmische Expansion beeinflussen oder sogar dominieren, wenn die Energiedifferenz des Feldes wesentlich größer ist als alle sonst vorhandenen Energien. Der hochenergetische, hochsymmetrische Ausgangszustand wird oft als »falsches Vakuum« bezeichnet, um anzudeuten, dass er nicht von Dauer ist, da sich das Feld letzten Endes in die energetisch günstigere Konfiguration begeben wird.

Ganz schematisch können wir uns diesen Übergang, die »Symmetriebrechung«, veranschaulichen, wie in Abbildung 8 dargestellt. Im Anfangszustand liegt eine kleine Kugel auf der Spitze eines mexikanischen Hutes im Schwerefeld. Da die Schwerkraft parallel zur Achse des Hutes wirkt (auf der Erdoberfläche eine gute Annäherung an die wirklichen Verhältnisse), ändert sich bei Drehungen um die Hutachse nichts, das System ist drehsymmetrisch. Rollt nun die Kugel in die Hutkrempe und bleibt dort an einer bestimmten Stelle liegen, so ist die Drehsymmetrie verloren gegangen. Zwischen Krempe und Spitze des Hutes besteht eine Energiedifferenz, die das Analogon zur Energie des Skalarfeldes im Inflationsmodell darstellt.

Hier endet aber auch schon die Analogie, denn die Energiedichte des »falschen Vakuums« hat eine sehr bemerkenswerte Eigenschaft, die ganz verschieden von dem Verhalten normaler Materie ist. Während bei der Ausdehnung eines mit normaler Materie gefüllten Volumens die Energiedichte abnimmt, bleibt die Energiedichte des falschen Vakuums bei der Expansion konstant, verdünnt sich also nicht. Es ist ja der Grundzustand der Welt, das »Vakuum«, das durch den jeweiligen Wert der Higgs-Felder bestimmt ist. Auch während der kosmischen Expansion besteht natürlich das Bestreben in diesem Grundzustand zu bleiben. Diese Eigenschaft ist begründet in der Beziehung zwischen Druck

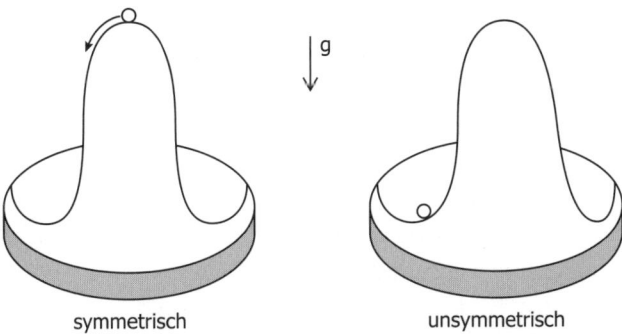

symmetrisch   unsymmetrisch

Abbildung 8 Als mechanisches Beispiel für einen symmetrischen Zustand kann die Kugel auf der Spitze der hutförmigen Fläche dienen. Das Schwerefeld weist in Richtung der Hutachse und damit ist diese Konfiguration drehsymmetrisch – bei Drehungen um die Hutachse ändert sich nichts. Fällt die Kugel dagegen herab und kommt an einem Punkt in der Hutkrempe zur Ruhe, so ist die Drehsymmetrie nicht mehr vorhanden. Im Inflationsmodell interpretiert man den symmetrischen Zustand als »falsches Vakuum« mit hoher Energiedichte. Der unsymmetrische Zustand ist das »richtige Vakuum«, in dem das Skalarfeld im tieferen Energieniveau ist.

und Dichte dieses merkwürdigen Materials, bei dem der Druck gleich der negativen Dichte ist. Volumenvergrößerung ist damit gleichbedeutend mit Arbeit gegen den negativen Druck, bedeutet also Energiegewinn. Falls man diese besondere Eigenschaft des falschen Vakuums mit den Gleichungen für die kosmologischen Modelle verknüpft, so findet man, dass in einer Epoche, in der die Energiedichte des falschen Vakuums überwiegt, die kosmische Expansion nicht abgebremst, sondern beschleunigt wird, das heißt, diese Energiedichte bewirkt eine Abstoßung.

Während der kurzen Zeitspanne der Inflation wurden alle Objekte, die vor der Inflationsepoche vorhanden waren, ausgedünnt, ihre Dichte wurde vernachlässigbar klein. Auch die Temperatur sank um den Inflationsfaktor ab. Die Krümmung der Raumzeit wurde geglättet, wie die Runzeln in einem Ballon, wenn man ihn aufbläst.

Die inflationäre Phase bestand, solange das Skalarfeld sich im falschen Vakuumzustand befand, sie ging zu Ende, sobald das Feld sein Minimum erreicht hatte. In der Endphase wurde die

Energiedichte des falschen Vakuums umgesetzt in ein Gas heißer Teilchen und Strahlung. Von diesem Zeitpunkt an entwickelte sich der Kosmos wie im Standardmodell der Kosmologie, aber mit Anfangsbedingungen, die zumindest teilweise durch physikalische Prozesse bestimmt waren. Dieser »Neuanfang« erfordert auch, dass alle Materie, Energie und Entropie des beobachteten Teils des Universums durch die Expansion und den Zerfall des falschen Vakuums erzeugt wurden.

Mit einigem Recht kann man fragen, ob diese zweifellos bemerkenswerten Aspekte der ersten Sekundenbruchteile überhaupt irgendwelche Auswirkungen auf den gegenwärtigen Zustand der Welt haben. Erstaunlicherweise ist das in mehrfacher Hinsicht so: Zum einen weist das Standardmodell des Urknalls eine Reihe von Feinabstimmungen auf, die nicht unmittelbar auf einfachere Bedingungen zurückgeführt werden können.

So darf die mittlere Dichte des kosmologischen Modells nicht zu stark vom kritischen Wert $\Omega = 1$ abweichen, damit das Universum genügend lange existieren und genügend viel Struktur hervorbringen kann. In früheren Zeiten, bei Annäherung an den Urknall, muss die Dichte äußerst präzise in der Nähe dieses kritischen Wertes liegen. Bereits kleine Abweichungen würden zu frühem Kollaps führen (falls die Dichte zu groß wäre). Andererseits wäre bei zu kleiner Dichte die Expansion so dominierend, die Verdünnung der Materie so stark, dass sich keinerlei Strukturen wie Galaxien oder Sterne bilden könnten.

Eine andere Schwierigkeit der Friedmann-Lemaître-Modelle ist die Existenz kausal getrennter Gebiete. Verbindungen mittels Lichtsignalen können nur zwischen Punkten hergestellt werden, deren Abstand klein ist im Vergleich zur Größe des Universums, was man im anschaulichen Bild des expandierenden Luftballons so erklären kann: Der Horizont eines Punktes lässt sich als Kreis auf der Ballonfläche darstellen. Der Radius dieses Kreises wächst im strahlungserfüllten Universum quadratisch mit dem Radius des Luftballons an. Verfolgen wir die Expansion zurück in die Vergangenheit, so schrumpft der Horizont schneller als jede Länge auf der Kugelfläche, die sich ja proportional zum Radius $R(t)$

ändert. Punkte, die sich jetzt innerhalb dieses Horizontkreises befinden, lagen alle zu ausreichend früher Zeit außerhalb.

Im inflationären Kosmos werden diese Aspekte des Standardmodells einfach als Folge der enormen Aufblähung verstehbar, weil dadurch das Universum automatisch in die Nähe der Raumzeit mit verschwindend kleiner Krümmung und mit Dichte nahe beim kritischen Wert kommt.

Nach dieser Vorstellung konnte der von uns beobachtete Teil des Kosmos aus einem winzigen Anfangskeim erwachsen, einer Raumzeitblase, in der alle Ereignisse kausal verknüpft waren. Wie groß müsste dieser Bereich sein, um das gesamte gegenwärtig beobachtbare Universum zu erfassen? Vom heutigen Zustand des Kosmos mit einer Temperatur von 2,7 Kelvin und einer typischen Ausdehnung von etwa 10^{28} cm können wir bis zur Epoche am Ende der Inflation zurückrechnen.

Damals hatte der beobachtete Kosmos eine Größe von etwa 10 cm. Da die Inflation alle Längen mindestens um einen Faktor 10^{29} dehnt, genügt es, wenn der Anfangsbereich, der Keim, aus dem unser Universum entstanden ist, eine Dimension von etwa 10^{-28} cm hatte, das ist wesentlich kleiner als der kausal verknüpfte Bereich zur Zeit t = 10^{-34} s mit einem Radius von ct $\simeq 10^{-24}$ cm.

Der russische, jetzt in Stanford lebende Physiker Andrei Linde hat dieses Bild phantasievoll ausgestaltet und ein Gesamtuniversum aus voneinander getrennten, ständig entstehenden und vergehenden kosmischen Blasen entworfen. In einer dieser Blasen befinden wir uns, ausgezeichnet dadurch, dass darin akzeptable Lebensbedingungen zu finden sind.

Dieses Blasenuniversum verändert sich zwar ständig, manche Bereiche erfahren eine inflationäre Aufblähung, andere bleiben im Urzustand der fluktuierenden Felder, aber insgesamt ist es ein ewig währender Zustand ohne Anfang und Ende. Es gibt also auch kein Anfangs- oder Entstehungsproblem, da ja nicht einmal klar ist, welche Rolle die Zeit in diesem blubbernden Chaos spielt.

Ein zweiter, sehr bedeutsamer Erfolg des Inflationsmodells ist die Vorhersage von kleinen Schwankungen der Energiedichte, wie sie zur Bildung kosmischer Strukturen nötig sind. Stets vorhandene Quantenfluktuationen des Skalarfeldes werden durch die Inflation so gedehnt, dass sie astronomisch bedeutsame Dimensionen erreichen. Detaillierte Rechnungen zeigen, dass ein Spektrum von Inhomogenitäten entsteht, bei dem der Überschuss an Masse in einem bestimmten Volumen proportional zur Längendimension dieses Volumens abnimmt. Bestätigt wird diese Voraussage durch Messungen der Satelliten COBE und WMAP, mit denen der CMB-Himmel erkundet wird.

Nach diesen Pluspunkten muss man dem Inflationsmodell aber auch einige Minuspunkte ankreiden, denn wie sich immer wieder zeigt, stößt die mathematische Ausgestaltung dieser attraktiven Überlegungen auf Schwierigkeiten. Ich will hier nicht näher auf diese eher technischen Details eingehen, aber doch auf die fundamentalen Schwierigkeiten hinweisen, die mit der Energiedichte der Felder, die im frühen Universum wirksam ist und die inflationäre Expansion antreibt, bestehen. Ein einfacher Vergleich kann dies schon deutlich machen: Fassen wir die aus den CMB-Schwankungen erschlossene Dunkle Energie als Energiedichte eines Feldes auf, so erreicht diese, wie wir gesehen haben, etwa 70 Prozent der kritischen Dichte, während die Energiedichte des falschen Vakuums in der Inflationsepoche um etwa 108 Zehnerpotenzen größer ist.

Natürlich darf auch das Vakuum der Quantentheorien der starken, schwachen oder elektromagnetischen Wechselwirkung nicht gravitativ wirksam sein, denn die typischen Energiedichten sind so groß, dass sich unmittelbar Widersprüche zu den astronomischen Beobachtungen ergäben. Man kann mit Recht fragen: Warum soll die Vakuumenergie jetzt nicht gravitativ wirksam sein, aber in einer frühen kosmischen Phase die Entwicklung bestimmt haben? Eine gute Idee wäre sehr erwünscht.

Der Anfang

Falls man mit der inflationären Erklärung nicht zufrieden ist, muss man die Anfangsbedingungen für das Universum untersuchen.

Für ein einmaliges Ereignis wie die Entstehung der Welt ist das ein schwieriges Unterfangen, denn die Unterscheidung von Anfangsbedingungen und physikalischen Gesetzmäßigkeiten hat keinen Bestand mehr. Trotzdem bleibt natürlich die Frage, woher und wie der Urknall zustandekommt. Gibt es vielleicht einen Quantenzustand, eine Art Urvakuum, aus dem das Universum aufsteigt, wie eine Blase aus dem »Urschlamm«? Diese eher metaphysische Frage können die Physiker jetzt noch nicht mit ihren Methoden bearbeiten. Hierzu bedarf es einer Theorie, die Quantenphänomene und die Gravitation in fundamentaler Weise umfasst. Eine Theorie dieser Art ist noch nicht in Sicht, obwohl sie schon einen Namen hat: »Quantengravitation«.

Eine nichtphysikalische Antwort hat schon Augustinus in den »Bekenntnissen« (11. Buch) gegeben: »Auf die Frage ›Was tat Gott, bevor er die Welt geschaffen hat?‹, wären manche versucht zu antworten: ›Da hat er die Hölle eingerichtet für Leute, die solche Fragen stellen‹.«

Auch wenn es die Quantengravitation noch nicht gibt – oder gerade dann –, lässt sich darüber spekulieren, wie ein Quantenzustand des Universums aussehen könnte. Besonders der englische Kosmologe Stephen Hawking hat sich mit solchen Fragestellungen auseinander gesetzt. Er schlägt vor, im frühen Quantenkosmos nur sehr einfach strukturierte Raumzeiten zu betrachten, anschaulich gesagt, nur einen glatten und unzerknitterten Luftballon. Die Zeit gibt es in diesem Quantenkosmos noch nicht. Es gibt lediglich eine Abfolge vierdimensionaler Räume – die vierdimensionalen Oberflächen von fünfdimensionalen Kugeln. Zur Veranschaulichung: In unserem Luftballonmodell ist die Oberfläche zweidimensional. Es fällt sehr schwer, sich dazu zwei weitere Dimensionen zu denken. Aus diesem zeitlosen Quantenkosmos entspringt unser Universum zufällig und beginnt seine zeitliche Entwicklung von einem endlichen Volumen aus.

Diese Überlegungen sind von prinzipiellem Interesse, wenn auch für die menschliche Vorstellung ein auf etwa Erbsengröße zusammengedrücktes Universum ebenso phantastisch erscheint wie der singuläre Urknall. Die Frage, was vor der kosmischen

»Urerbse« war, lässt sich nicht in normalen Raum- und Zeitkategorien stellen. Dies geht ebenso wenig, wie zu fragen, welchen
Längen- und Breitengrad ein Punkt außerhalb der Erde hat.

Auch der britische Mathematiker Roger Penrose kommt zu
dem Schluss, dass der Beginn des Universums eine Raumzeit von
äußerster Glattheit und Gleichförmigkeit sein müsse.

Sein Ausgangspunkt ist die Alltagserfahrung, dass viele Vorgänge nicht umkehrbar sind. Ein Glas Waser, das vom Tisch zu
Boden fällt und zerbricht, zeigt das normale und erwartete Verhalten. Der umgekehrte Vorgang dagegen, bei dem, wie in einem
rückwärts laufenden Film, das zersplitterte Glas sich wieder zu-
sammenfügt und auf den Tisch zurückspringt, würde uns wohl
sehr verblüffen. Die Gesetze der Mechanik lassen diese Umkeh-
rung der zeitlichen Entwicklung zwar zu. Tatsächlich aber geschehen die Dinge von selbst immer so, dass ein geordneter Zustand
in einen ungeordneten Zustand übergeht. Bei diesen Vorgängen
spielt der Begriff der Entropie eine wichtige Rolle. Die Entropie
ist eine Größe, die das Maß der Unordnung in Systemen zah-
lenmäßig zu erfassen sucht. Ein geordnetes System, wie etwa ein
Kristall, hat eine niedrige Entropie, ein Gas, in dem die Moleküle
regellos herumschwirren, eine hohe. Die Alltagserfahrung wachsender Unordnung entspricht dem Gesetz von der Zunahme der
Entropie (dem sogenannten »zweite Hauptsatz der Thermodyna-
mik«). Die Zahlen, mit denen man die Entropie numerisch fasst,
ergeben sich aus den möglichen verschiedenen Konfigurationen
eines Systems. Penrose versucht, die Entropie für das ganze Universum, das heißt, für den Teil, den wir beobachten können,
quantitativ zu charakterisieren. Bezieht man neben ungeordneter
Strahlung und Materie, die im Gravitationsfeld, in den Runzeln
und Krümmungen der Raumzeit, vor allem in den Schwarzen Löchern verborgenen Möglichkeiten, Entropie zu erzeugen, in diese Überlegungen mit ein, so erreicht man wahrhaft gigantische
Zahlenwerte: Die erforderlichen Anfangsbedingungen für das
Universum, wie wir es kennen, stellen nur eine von $10^{10^{120}}$ Möglichkeiten dar, wie sich der Kosmos strukturieren könnte. Kann
die Physik ein Auswahlprinzip von dieser Schärfe formulieren?

Die Glattheitsbedingung von Penrose wäre ein möglicher Weg. Wie aber lässt sich diese begründen? Dies liegt im Dunkel des Nichtwissens und Unerklärten.

Mit der Erklärung des Urknalls werden sich die Physiker noch einige Zeit beschäftigen. Das Vergnügen an diesen Spekulationen und die Begeisterung für Denkmöglichkeiten führt bei Kosmologen, die sich mit diesen Fragen befassen, zur Neigung, das Denkbare auch schon für die Wirklichkeit zu halten. Um es mit Albert Einstein zu sagen: »Wer da nämlich erfindet, dem erscheinen die Erzeugnisse seiner Phantasie so notwendig und naturgegeben, dass er sie nicht für Gebilde des Denkens, sondern für gegebene Realitäten ansieht und angesehen wissen möchte.« Alle bisherigen Überlegungen zu den ersten Sekundenbruchteilen des Universums gehören jedoch ins Reich der Spekulation.

Das anthropische Prinzip

In dieser Situation, in der die physikalische Erklärung für den Ursprung der Welt an Grenzen stößt, hat sich unter manchen Physikern eine Argumentationskette verbreitet, die als »anthropisches Prinzip« bezeichnet wird. Die Tatsache, dass es in unserem Universum intelligentes Leben gibt, bedeutet, dass die Voraussetzungen für die Entstehung von intelligentem Leben erfüllt sind. Dies führte zu bemerkenswerten Fragestellungen, obwohl es sich um eine eher triviale logische Einsicht handelt.

Leben von unserer Art könnte nicht entstehen, wenn die Naturkonstanten ein wenig anders wären, als sie tatsächlich sind. Die Stärke der anziehenden Kräfte zwischen den Kernteilchen kann gerade die elektrische Abstoßung zwischen den positiv geladenen Protonen in den Kernen gewöhnlicher Atome, wie Sauerstoff oder Kohlenstoff, überwinden. Sie ist aber nicht ganz so stark, dass sie zwei Protonen (Wasserstoffkerne) in ein gebundenes System bringen kann. Das Diproton gibt es nicht. Falls jedoch die Anziehungskraft im Atomkern nur ein wenig größer wäre, könnte das Diproton gebildet werden, so dass praktisch der gesamte Wasserstoff im Kosmos in Diprotonen oder größeren Kernen gebunden wäre. Wasserstoff wäre dann ein seltenes Element, und Sterne wie die Sonne, die durch langsame Fusion von Wasserstoff zu Helium lange Zeit Energie erzeugen, könnte es nicht geben. Andrerseits würden wesentlich schwächere Kernkräfte die Bildung größerer Atomkerne unmöglich machen. Falls die Entwicklung des Lebens einen Stern wie die Sonne erfordert, die mit einer konstanten Rate über Milliarden Jahre hinweg Energie erzeugt, dann ist eine notwendige Voraussetzung dafür, dass die Stärke der Kernkräfte innerhalb ziemlich enger Grenzen liegt.

Eine ähnliche, aber unabhängige numerische Feinabstimmung betrifft die schwache Wechselwirkung, die tatsächlich die Wasserstoff-Fusion in der Sonne steuert. Die schwache Wechselwirkung ist etwa eine Million Mal schwächer als die Kernkraft, gerade so schwach, dass der Wasserstoff in der Sonne langsam und gleichmäßig verbrennt. Falls die schwache Wechselwirkung wesentlich stärker oder schwächer wäre, gäbe es Probleme für jede Art von Leben, die von sonnenartigen Sternen abhängt.

Eine weitere numerische Abhängigkeit betrifft die mittlere Entfernung zwischen den Sternen, die in unserer galaktischen Umgebung einige Lichtjahre beträgt. Man kann durchaus behaupten, dass den Sternen ein entscheidender Einfluss auf das menschliche Leben zukommt, ohne ein Anhänger der Astrologie zu sein. Wir hätten nämlich keine großen Überlebenschancen, wenn die mittlere Entfernung zwischen den Sternen beispielsweise zehnmal kleiner wäre. Dann ergäbe sich eine hohe Wahrscheinlichkeit, dass im Verlauf der vergangenen 4 Milliarden Jahre ein anderer Stern nahe genug gekommen wäre, um die Planetenbahnen zu verändern. Es würde genügen, die Erde in einen leicht exzentrischen elliptischen Umlauf zu bringen, um Leben auf ihr unmöglich zu machen.

Man könnte viele weitere glückliche Konstellationen dieser Art aufzählen: Eine empfindliche Balance zwischen elektrischen und quantenmechanischen Kräften bewirkt die Vielfalt der organischen Chemie. Wegen dieser Feinabstimmungen ist Wasser flüssig, Ketten von Kohlenstoffatomen bilden komplexe Moleküle,

Wasserstoffatome bilden Brückenbindungen zwischen den Molekülen. Doch eine kleine Änderung der Naturkonstanten könnte dies zunichtemachen.

Die bemerkenswerte Harmonie zwischen der Struktur des Universums und den Bedürfnissen von Leben und Intelligenz aufzuzeigen ist das Anliegen der Wissenschaftler, die das »schwache anthropische Prinzip« formuliert und herausgestellt haben, dass unsere Existenz nur unter gewissen Bedingungen möglich ist. Unser Universum erfüllt diese Voraussetzungen, doch kann ihr Zustandekommen mit der heutigen Physik noch nicht erklärt werden.

Dass diese Entwicklung zielgerichtet abläuft, damit letztlich das menschliche Leben entstehen konnte, wie einige Vertreter des sogenannten »starken anthropischen Prinzips« postulieren, kann aus naturwissenschaftlicher Sicht nicht belegt werden.

Natürlich reizen diese Überlegungen zu vielerlei Spekulationen, auch mit theologischer Bedeutung. So scheint es sehr naheliegend, eine göttliche Planung hinter einem derart maßgeschneiderten Universum zu vermuten. Je genauer man nämlich das Zusammenspiel der verschiedenen Kräfte und Naturkonstanten untersucht, umso präziser scheint die Feinabstimmung zu sein, die Leben von unserer Art ermöglicht. Dazu kommen häufig noch Argumente aus der Evolutionstheorie, die andeuten, auf welch schmalem, prekärem Pfad sich die biologische Entwicklung bis hin zum Menschen bewegt hat.

Doch diese Argumente sind ebenso wenig beweiskräftig im naturwissenschaftlichen Sinn wie der teleologische oder der kosmologische Gottesbeweis des Mittelalters. Immer, wenn man eine bestimmte jetzt vorhandene Situation detailliert betrachtet, wird sie umso unwahrscheinlicher, je mehr charakteristische Merkmale sie aufweist.

Es gibt Anhänger des anthropischen Prinzips, die es als eine Art Auswahlprinzip verstehen. Das von Andrei Linde in seinem Inflationsmodell entworfene Bild eines Universums aus vielen Blasen, die nicht kausal verknüpft sind und in denen jeweils verschiedene physikalische Gesetze, auch mit verschiedenen Werten der Naturkonstanten, wirken könnten, wäre ein zumindest logisch mögliches »Vielweltenmodell«. Unter der Vielzahl möglicher Blasen gibt es eben eine, die genau die für uns geeignete Kombination von Naturkonstanten und Naturgesetzen aufweist. So, wie man im Kaufhaus das passende Kleidungsstück findet, wenn genügend viele zur Auswahl stehen, ist in der Vielzahl der Universen auch eines vorhanden, das für die Entwicklung des Lebens passt. Auf diese Weise erklären sich die rätselhaften Feinabstimmungen in der Welt.

Eine Reihe von theoretischen Physikern, darunter auch der Nobelpreisträger Steven Weinberg, finden das Leben im »Multiversum«, wie es etwas unschön genannt wird, offenbar recht attraktiv. Auch andere Spekulationen als das Inflationsmodell könnten zu einer Vielzahl von Welten führen. Wenn unser Universum als zufällige Fluktuation aus einem Quantenvakuum entstanden ist, dann könnte dies ja immer wieder passieren. Eine grundlegende Theorie, wie etwa die »Stringtheorie« mit ihrer komplexen Vakuumstruktur könnte – so wird spekuliert – sogar besonders effektiv vielerlei Welten hervorbringen. Alles, was logisch möglich erscheint, könnte dann auch in einem gewissen Sinn existieren. Mir scheint, dass diese Überlegungen im Grunde der Frage auszuweichen versuchen: »Warum ist unser Universum so, wie es ist?« Der extrem hohe Aufwand – Milliarden von Universen blähen sich auf und vergehen und schließlich wird es möglich, dass auf einem kleinen Planeten am Rande einer Galaxis Leben entstehen kann – erscheint mir als Erklärung nach wie vor dürftig. Wir wissen ja nicht wirklich, welche Zusammenhänge zwischen den physikalischen Größen bestehen, die vielleicht nur noch nicht aufgedeckt sind. Die Physiker werfen das Handtuch zu früh, wenn sie mit Paralleluniversen argumentieren, bevor klar ist, welche Form die dringend gesuchte, umfassende physikalische Theorie hat.

Der Begründer der Theorie der Schwerkraft, Isaac Newton, hat vermutet, dass die Tatsache, dass alle Planeten die Sonne in einer Ebene umkreisen, auf den Willen des Schöpfers zurückgeführt werden muss. Nach seiner Theorie hätte jeder Planet seine eigene Ebene für den Umlauf um die Sonne auswählen können. Heute sind wir der Meinung, dass die Rotation des solaren Urnebels ihn zur Scheibe werden ließ, und in der Scheibenebene kreisen die Planeten. Eine einleuchtende astrophysikalische Erklärung. Ganz analog könnte ich mir vorstellen, dass in der Zukunft heute unerklärliche Feinabstimmungen gedeutet werden.

Seine Bedeutung für die Physik hat das anthropische Prinzip dadurch erlangt, dass es auf Dinge hinweist, für die Erklärungsbedarf besteht. Als physikalisches Prinzip kann es jedoch nicht gelten. Wir könnten es eher als metaphysikalisches Argument betrachten und als Hinweis auf eine Welt, die für uns gastlich eingerichtet ist – von wem oder wodurch auch immer.

Wie wird es enden?

Aus den astronomischen Beobachtungen können wir schließen, dass die Expansion des Kosmos gegenwärtig beschleunigt verläuft, angetrieben von einer rätselhaften dunklen Energie, die eine kosmische Abstoßung bewirkt. Diese Dunkle Energie möchten die Physiker gerne interpretieren als eine spezielle Eigenschaft – sozusagen ein Bedürfnis – des leeren Raumes, sich auszudehnen. Falls sie wirklich einer kosmologischen Konstanten entspricht, das heißt konstant ist, wird die Expansion des Weltalls ohne Ende weitergehen. Es könnte natürlich auch so sein, dass die Dunkle Energie als Grundzustandsenergie eines Feldes uns nur gegenwärtig wie eine Konstante erscheint, sich in kosmischen Zeiträumen aber ändern kann. Dann hängt es von dem Verhalten dieses Feldes ab, was sich in ferner Zukunft ereignen wird – ein neuer Urknall, oder ständige Entstehung neuer Teilchen aus dem Vorrat der dunklen Energie. Wir wollen die Spekulation darüber allerdings jetzt nicht weiterverfolgen, da es keinen experimentellen Hinweis auf eine Abweichung der dunklen Energie von einem konstanten Wert gibt.

Die immerwährende Expansion in dem Fall einer konstanten Energiedichte hat entscheidende Bedeutung für den Endzustand des Kosmos. Es gibt keine zeitliche Grenze der Zukunft und so kann jeder physikalische Prozess, auch der langsamste, bis zu seinem Ende ablaufen. Die Biosphäre der Erde wird in 5 Milliarden Jahren vergehen, wenn die Sonne sich zum Roten Riesen aufblähen und bis über die Erdbahn hinaus ausdehnen wird.

Dann wird es allmählich dunkel, denn nach und nach verlöschen die Sterne, weil sie ihren Kernbrennstoff verbraucht haben, und die letzten Supernovae-Explosionen verglühen.

Durch Einsteins Gravitationstheorie wird vorhergesagt, dass durch die Schwerkraft zusammengehaltene gravitierende Systeme Energie in Form von Gravitationswellen abstrahlen. Seit 1978 wissen wir aus den Beobachtungen des Pulsars 1913 + 16, dass sich seine Bahn im Doppelsternsystem exakt nach der Einsteinschen Formel für den Energieverlust durch Gravitationswellen ändert. In phantastisch langen Zeiträumen, die das jetzige Weltalter weit übersteigen, werden demnach durch die Abstrahlung von Gravitationswellen sich umkreisende Himmelskörper ineinander stürzen und in Schwarzen Löchern enden. Diese riesigen Schwarzen Löcher, aus den Sternen ganzer Galaxien geformt, streben dann in einem dunklen Kosmos immer weiter auseinander. Zugleich wird es immer »kälter«, denn die Temperatur der Hintergrundstrahlung fällt ebenfalls ständig. So sieht das trübselige Bild aus, das die Kosmologen vom Ende unseres Universums zeichnen.

Das Bild ist aber noch nicht ganz vollständig, denn wenn Stephen Hawking mit seiner 1974 formulierten Hypothese von der Zerstrahlung Schwarzer Löcher Recht hat, so lösen sich nach 10^{70} Jahren auch die Schwarzen Löcher völlig in sehr langwellige Strahlung auf. Wie zu Anfang, so besteht also auch am Ende das Universum aus Strahlung, allerdings mit Temperaturen, die nur unmerklich über dem absoluten Nullpunkt liegen.

Diese Vorhersagen für das Ende des Kosmos sind Extrapolationen von unserem heutigen Wissensstand aus in eine sehr ferne Zukunft. Könnte alles auch ganz anders kommen? Wahrscheinlich nicht, denn die physikalischen Prozesse steuern unausweichlich auf den Kältetod und das Verschwinden aller Objekte in Schwarzen Löchern zu.

Allerdings ist das Bild noch in anderer Hinsicht nicht vollständig. Es wird nicht berücksichtigt, dass im Kosmos intelligentes Leben entstanden ist. Wie weit wird sich eine technische Kultur wie die unsere in einigen Millionen Jahren entwickeln? Das können wir nicht vorausahnen. Wir können jedoch spekulieren, ob die Rahmenbedingungen des expandierenden Universums notwendigerweise das intelligente Leben zum Erliegen bringen müssen. Der amerikanische Physiker Freeman Dyson hat sich solchen Spekulationen hingegeben. Er kommt zu dem optimistischen Schluss, dass intelligentes Leben immer weiter gehen könne, sofern es sich an veränderte Lebensumstände beliebig anzupassen lerne. Auch im von Schwarzen Löchern dominierten Kosmos gäbe es zwischen langen Ruhephasen immer wieder einen Gammastrahlen-Ausbruch, wenn ein Schwarzes Loch »verdampft«. Das Leben halte während der ereignislosen Phasen meist eine Art Winterschlaf, wenn jedoch neue Energie erzeugt werde, unterbreche es die Inaktivitätsphase und rege sich. So könne es beliebig lange weitergehen.

Gleichwohl ist die Zeitspanne für Leben auf der Erde begrenzt: In weiteren 5 Milliarden Jahren wird die Sonne zum Roten Riesen, so dass die Biosphäre der Erde vernichtet wird. Unsere nächste Aufgabe ist es, dies zu überleben. Fünf Milliarden Jahre sind schließlich eine lange Zeit, die für die Weiterentwicklung unserer Intelligenz zur Verfügung steht. Wir werden hoffentlich bis dahin in der Lage sein, die einfachen astronomischen Vorgänge zu beeinflussen oder ihnen auszuweichen. Dann hat die Menschheit noch eine lange Zukunft vor sich.

Extremsituationen in Raum und Zeit – der Urknall und die Schwarzen Löcher

Am Anfang des Universums steht der Urknall, dessen merkwürdige Beschaffenheit, dass es davor nichts gibt und dass Raum und Zeit in diesem Anfangspunkt entstehen, wir im letzten Kapitel besprochen haben. Weit zurück in die Vergangenheit mussten wir uns dazu begeben, doch auch gegenwärtig sind in unserer Milchstraße Himmelsobjekte vorhanden, die ähnliche Eigenschaften aufweisen, nämlich die Schwarzen Löcher. Deren Existenz wird von der Einsteinschen allgemeinen Relativitätstheorie als Extremzustand der Materie vorausgesagt: Das Schwarze Loch, aus dem keine Strahlung oder Materie herauskommen kann, das aber alles, was in seinen Anziehungsbereich gerät, verschlingt, ist in gewissem Sinne das zeitliche Spiegelbild der Urknall-Singularität, der Raum, Zeit, Materie und Strahlung entstammen.

Diese physikalischen Singularitäten erschienen zunächst so ungewöhnlich, dass es lange dauerte, bis sie von den Physikern als Tatsachen, die man ernst nehmen sollte, akzeptiert wurden. Mittlerweile werden diese faszinierenden Gebilde wie alltägliche Objekte in Filmen, Zeitungen und Büchern aller Art erwähnt.

Eine fundamentale Überzeugung der Physiker besagt, dass alle in der Natur vorkommenden Größen endlich und genau bestimmbar sind. Singularitäten in physikalischen Theorien werden danach als Folge einer unzureichenden mathematischen Formulierung verstanden oder als Ausdruck einer inneren Unvollständigkeit der Theorie. In diesem Sinne sagt die allgemeine Relativitätstheorie ihr eigenes Versagen, die Grenzen ihrer Gültigkeit, vorher. Sie sollte also durch eine umfassendere Theorie ersetzt werden, die diese Grenzen erweitert. Viele Physiker sind davon überzeugt, dass eine Theorie, die quantenmechanische Konzepte mit Eigenschaften der Einsteinschen allgemeinen Relativitätstheorie verknüpft, weiterführen müsste. Man könnte daran denken, die Gravitationstheorie zu quantisieren, was allerdings bis jetzt trotz eifriger Bemühungen nicht gelungen ist. Andererseits wäre eine Erweiterung der Quantentheorie vorstellbar, aus der sich dann näherungsweise die allgemeine Relativitätstheorie ergeben könnte. Die Stringtheorie erhebt den Anspruch, genau das zu leisten, aber auch dieser Ansatz lässt eine Lösung des Singularitäten-Problems bestenfalls erahnen.

Intuitiv scheint es völlig klar, dass große Massen durch die Schwerkraft ein katastrophales Schicksal erleiden müssen, da die Schwerkraft als anziehende Kraft auf alle Teilchen mit Masse in gleicher Weise wirkt. Außerdem hat sie eine große Reichweite, das heißt, sie nimmt nur langsam mit dem Abstand ab (umgekehrt proportional zum Quadrat des Abstandes). Wenn wir Teilchen um Teilchen einer beliebigen Masse hinzufügen, wächst die Gravitationskraft mit der Teilchenzahl an. Schließlich behält sie die Oberhand über alle Druckkräfte, die sich ihr entgegenstemmen könnten. Der thermonukleare Druck im Inneren eines Sterns, der Fermi-Druck eines Gases kalter Elektronen oder Neutronen und die abstoßende Kraft im Inneren der Atomkerne, sie alle werden schließlich von der Schwerkraft überwunden, sofern die Masse groß genug wird. Dazu kommt, dass nicht nur Materie, sondern auch Antimaterie und jede Form von Energie gravitativ wirkt. Umgekehrt unterliegt auch jede Art von Energie der Schwerkraft. Deshalb kann ein riesiger innerer Druck zwar eine große Masse bis zu einer gewissen Grenze im Gleichgewicht halten, er trägt aber entscheidend zur Schwerkraft bei und wird schließlich selbst mitverantwortlich für den Gravitationskollaps.

Zunächst hielt man diese Singularitäten für eine Folge der Symmetrieannahmen, die erforderlich waren, um überhaupt Lösungen der komplizierten Gleichungen der allgemeinen Relativitätstheorie zu finden. Die Hoffnung war, dass die Singularitäten in etwas weniger symmetrischen, leicht veränderten Lösungen nicht vorhanden wären. In den Jahren 1965 bis 1970 aber zeigten die britischen Mathematiker und Physiker Roger Penrose, Stephen Hawking und Brendan Carter, dass Singularitäten der Raumzeit auch im allgemeinen nichtsymmetrischen Fall auftreten (sie sind »generisch«) und sich auch im Wesentlichen als stabil gegenüber kleinen Störungen erweisen.

Die Singularitäten selbst lassen sich ohne eine Theorie der Quantengravitation nicht untersuchen, aber wir können versuchen, die Situation in der Nähe dieser Unendlichkeiten zu beschreiben. Was spielt sich ab in der Nähe Schwarzer Löcher?

Hinter Begriffen wie »Schwarzes Loch«, »Raumzeit«, »Singularität« steckt die ganze Schlagkraft der Einsteinschen Theorie der Gravitation. Wir sollten uns mit einigen Grundzügen dieser Theorie vertraut machen, bevor wir die Grenzbereiche besprechen.

Raum und Zeit

Raum und Zeit sind Begriffe, die intuitiv jedem vertraut sind. Der Raum ist dreidimensional, in allen Richtungen unbegrenzt ausgedehnt und eigentlich nichts weiter als die Bühne, auf der Bewegungen und andere physikalische Prozesse stattfinden.

Nach den klassischen Vorstellungen gehört zu jedem lokalisierten Prozess auch ein bestimmter Zeitpunkt. Aus dem täglichen Leben ist uns ja wohlbekannt, dass etwa ein Rendezvous nur dann erfolgreich sein kann, wenn wir Ort und Zeit des Treffens vereinbaren.

In einem Zugfahrplan werden Ort und Zeit der Haltepunkte angegeben, und wir können dies graphisch ganz schematisch wie in Abbildung 9 in einem Raumzeit-Diagramm erfassen. In dieser Graphik ist die »Weltlinie« eines Passagiers zu sehen, der von München nach Stuttgart fährt. Schon in diesem trivialen Beispiel sehen wir die Möglichkeit, mithilfe von Raumzeit-Diagrammen Bewegungen in ihrem zeitlichen Ablauf insgesamt zu überblicken. Komplexere zeitliche Abläufe wie die Bewegung von Massen in einer Ebene oder im Raum lassen sich ebenso darstellen: Die Kinematik wird zur Raumzeit-Geometrie. In der von Newton begründeten klassischen Mechanik ist diese Darstellungsweise einfach eine graphische Umsetzung der üblichen Vorstellungen über Raum und Zeit.

Newton nahm an, dass es einen »absoluten Raum« gebe. Ihm schrieb er stillschweigend die geometrischen Eigenschaften zu, die bereits Euklid aus »evidenten« Grundannahmen wie dem Parallelenaxiom abgeleitet hatte. Diese Annahmen galten ihm als so selbstverständlich, dass sie nicht besonders erwähnt werden mussten. Zusätzlich ging Newton davon aus, dass es eine universelle, für alle Vorgänge passende, durch Messungen bestimmbare »absolute Zeit« gebe. Nach seinen Vorstellungen stellte der absolute Raum mit seinen festen Maßverhältnissen die unveränderliche Arena dar, in der sich die Körper nach einem ebenfalls vorgegebenen unbeeinflussbaren Zeitmaß bewegten. In Abbildung 9 entspräche die Ortsachse der bildlichen Darstellung des absolu-

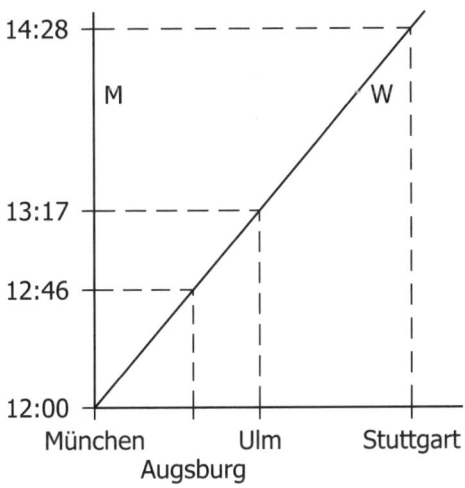

Abbildung 9 Wie hier schematisch gezeigt, lässt sich ein Zugfahrplan als Raumzeit-Diagramm darstellen. Die Kurve kann man als die »Weltlinie« eines Fahrgastes auf dem Weg von München nach Stuttgart ansehen.

ten Raumes und die Zeitachse der absoluten Zeit Newtons. In der klassischen, nichtrelativistischen Physik wird einfach vorausgesetzt, dass stets von zwei Ereignissen die relative Lage und der Zeitabstand angegeben werden können, obwohl nicht unmittelbar klar ist, was gemeint ist, wenn zwei weit entfernte Ereignisse als gleichzeitig bezeichnet werden.

Die tatsächlich vorkommenden Bewegungen erklärte Newton damit, dass jeder Körper auf Grund seiner Trägheit, die durch seine Masse gemessen wird, bestrebt ist, sich geradlinig gleichförmig zu bewegen, und durch Kräfte aus dieser ungestörten Bewegung abgelenkt wird.

Eine dieser Kräfte ist die Schwerkraft. Newton beschreibt sie als wechselseitige Anziehungskraft zweier Körper, die sich proportional verhält zum Produkt der beiden Massen und mit dem Quadrat des Abstands der Körper voneinander abnimmt.

Albert Einstein hat die Newtonschen Annahmen über Raum und Zeit in zwei Schritten durch andere Annahmen ersetzt, die der Wirklichkeit besser angepasst sind. Der Wunsch nach einer besseren Theorie kam auf, als durch die Versuche Michael Faradays und die Theorie James Clerk Maxwells elektromagnetische Felder als wirkliche physikalische Objekte entdeckt wurden. Nach den Feldgleichungen breiten sich elektromagnetische Wellen im leeren Raum mit Lichtgeschwindigkeit aus. Maxwell zufolge hängt die Lichtausbreitung im materiefreien Raum nicht von der Bewegung der Lichtquelle, sondern nur vom Aussende-Ereignis ab. Wie lässt sich dies verstehen? Müsste nicht die Lichtgeschwindigkeit erhöht oder vermindert erscheinen je nachdem, ob die Lichtquelle sich nähert oder wegbewegt? Diese Schwierigkeiten führten Einstein im Jahre 1905 zu der Einsicht, dass die Begriffe des absoluten Raumes und der absoluten Zeit zur Beschreibung solcher Vorgänge nicht geeignet sind.

Er ging von zwei Grundannahmen aus: Die Lichtgeschwindigkeit solle unabhängig von der Bewegung der Lichtquelle sein, wie in der Theorie Maxwells, und sie solle eine obere Grenze darstellen für die Geschwindigkeit, mit der sich Signale ausbreiten können. Beide Annahmen sind vielfach durch Experimente bestätigt worden.

Die hieraus entwickelte spezielle Relativitätstheorie hat einige bemerkenswerte und überraschende Konsequenzen. Die Zeit verfließt nicht mehr gleichförmig in allen Raumpunkten, wie die absolute Zeit Newtons, sondern der Fluss der Zeit hängt ab von der Bewegung der Uhr oder der des Beobachters, der auf irgendeine Weise die Zeit misst. Bewegte Uhren gehen langsamer. Wir merken nur nichts davon, weil diese Effekte winzig klein sind, solange die Geschwindigkeit der Uhr klein ist verglichen mit der Lichtgeschwindigkeit. Die Verlangsamung der Uhren wurde bereits mehrfach direkt nachgewiesen durch den Vergleich einer auf der Erde ruhenden Atomuhr mit einer, die in einem Flugzeug befördert wurde. Tatsächlich ging die bewegte Uhr um einige Milliardstel Sekunden nach, als beide wieder beisammen waren und verglichen wurden.

Deutlich bemerkbar wird die Veränderung des Zeitflusses, wenn die Bewegung fast mit Lichtgeschwindigkeit erfolgt, so etwa bei Teilchen, die in den großen Synchrotronen beschleunigt werden. Während sie in Ruhe in Sekundenbruchteilen zerfallen, überleben sie im Beschleuniger mehrere Sekunden lang. Auch das sogenannte »Zwillingsparadoxon« wäre eine Konsequenz dieses Effektes: Einer der beiden Zwillinge bleibt auf der Erde, während der andere mit hoher Geschwindigkeit eine jahrelange Weltraumreise durchführt. Wenn sie sich wieder treffen, ist der auf der Erde gebliebene um Jahre älter geworden, während der Weltraumreisende jung geblieben ist. Dieses Experiment ist natürlich noch nicht durchgeführt worden, aber am Ausgang besteht kein Zweifel nach allem, was wir sonst über die Raumzeit der speziellen Relativitätstheorie wissen.

Bedeutsamer ist die Tatsache, dass man im Allgemeinen nicht entscheiden kann, ob räumlich getrennte Ereignisse gleichzeitig sind oder nicht, denn dies hängt vom Bewegungszustand des Beobachters ab. Auch die Einteilung der Vorgänge in »früher« oder »später«, die Unterscheidung zwischen »vorher« und »nachher« ist nicht allgemein anwendbar, sondern für verschiedene Beobachter verschieden. Sehen wir zwei Ereignisse A und B so, dass B auf A folgt, so könnte ein mit geeigneter Geschwindigkeit bewegter Beobachter die Lage so beurteilen, dass zunächst B und dann A sich ereignet, also in genau der umgekehrten zeitlichen Abfolge.

Im Raumzeit-Diagramm ist die Weltlinie eines Beobachters, der sich mit einer bestimmten Geschwindigkeit gegenüber einem ruhenden Beobachter bewegt, gegen die vertikale Zeitachse geneigt. Ereignisse, die für den bewegten Beobachter gleichzeitig sind, liegen ebenfalls auf einer Geraden, die gegen die Ortsachse geneigt ist und in Bewegungsrichtung kippt. Der ruhende und der bewegte Beobachter haben demgemäß eine recht verschiedene Sicht der zeitlichen Abfolge von Ereignissen (Abbildung 10).

Diese Folgerungen aus der Einsteinschen Theorie haben vor hundert Jahren großes öffentliches Aufsehen erregt, möglicherweise deshalb, weil sich mit diesen Erkenntnissen eine Erlösung von dem starren Gesetz der zeitlichen Ordnung, des Vorher und Nachher andeutete.

Die Bahnen der Lichtquanten oder Photonen durch einen beliebigen Ort und Zeitpunkt in der Raumzeit können wir bildlich

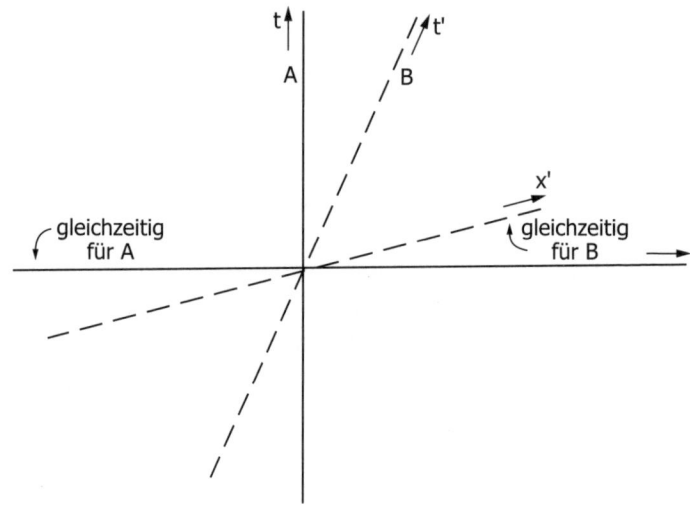

Abbildung 10 Alle Ereignisse, die für den bewegten Beobachter B gleichzeitig sind, liegen auf einer gegen die horizontale Achse (die alle Ereignisse, die von A aus beurteilt gleichzeitig mit dem Koordinatenursprung sind, enthält) geneigten Geraden. Im Bereich zwischen den beiden Gleichzeitigkeitslinien liegen Ereignisse, die für A dem Koordinatenursprung zeitlich folgen, für B aber vorausgehen.

darstellen, wenn wir eine Raumdimension weglassen, also zwei Raum- und eine Zeitdimension betrachten. Jeder Raumzeit-Punkt wird zur Spitze eines »Lichtkegels«, der aus allen Ereignissen besteht, die mit dem betrachteten Raumzeit-Punkt durch ungestörte Lichtstrahlen verbunden werden können (Abbildung 11). Dies legt eine Struktur der Raumzeit fest, wobei es keine Rolle spielt, ob tatsächlich Licht durch das Ereignis hindurchläuft oder nicht. Auch dem Raum um einen Magneten schreibt man ein Kraftliniensystem zu, ob nun Eisenfeilspäne diese Linien anzeigen oder nicht.

Die Gesamtheit der Lichtkegel hat eine tiefgehende physikalische Bedeutung: Unsere Erfahrungen sprechen dafür, dass kein Signal schneller läuft als das Licht. Somit bildet der Zukunfts- oder Vorwärtslichtkegel, das heißt die Lichtstrahlen, die von einem bestimmten Punkt ausgehen, den Rand des Bereichs, der von diesem Punkt aus kausal beeinflusst werden kann. Der Vergangenheits-

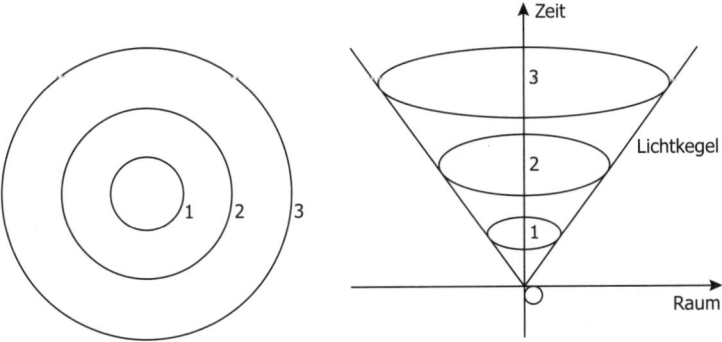

Abbildung 11 Die Ausbreitung von Lichtsignalen können wir graphisch darstellen, wenn wir statt des Raums eine zweidimensionale Fläche und die Zeit betrachten. Die Signale einer Lichtquelle im Koordinatenursprung O erreichen mit zunehmender Zeit immer größere Kreise. Im Raumzeit-Diagramm bilden diese Kreise übereinander geschichtet einen Kegel, dessen Spitze sich im Koordinatenursprung befindet. Dieser Lichtkegel hat einen Öffnungswinkel, der vom Maßstab für räumliche Distanzen abhängt. Man kann den Maßstab so wählen, dass dieser Winkel 90° beträgt (etwa als Zeiteinheit Sekunde und als Längeneinheit Lichtsekunde, das heißt die Strecke, die das Licht in einer Sekunde zurücklegt). Lichtstrahlen sind dann um 45° gegen die vertikale Zeitebene und die horizontalen räumlichen Achsen geneigt.

oder Rückwärtslichtkegel, bestehend aus allen Lichtstrahlen, die von anderen Ereignissen her diesen Punkt erreichen, ist entsprechend der Rand des Bereichs, aus dem kausale Wirkungen kommen. Wie in Abbildung 12 dargestellt, teilt dies die Umgebung jedes Punktes in verschiedene Bereiche auf. Diese Kausalstruktur der Raumzeit kann mit Hilfe der vierdimensionalen Abstände von Ereignissen besonders einfach dargestellt werden. Nicht der Abstand zweier Raumpunkte oder zweier Zeitpunkte hat invariante Bedeutung, sondern nur eine Kombination aus beiden, nämlich die Differenz zwischen dem Quadrat der Strecke, die das Licht in diesem Zeitintervall zurückgelegt hätte und dem Quadrat des räumlichen Abstandes. (Für den mathematisch interessierten Leser: $s^2 = c^2 \times (t_P - t_Q)^2 - (\overline{PQ})^2$ der Ereignisse zu den Zeiten t_P, t_Q an den Orten P und Q [Abbildung 12]).

Der Raumzeit-Abstand s^2 ist gleich null für Punkte auf dem Lichtkegel, größer als null für Punkte innerhalb und kleiner als

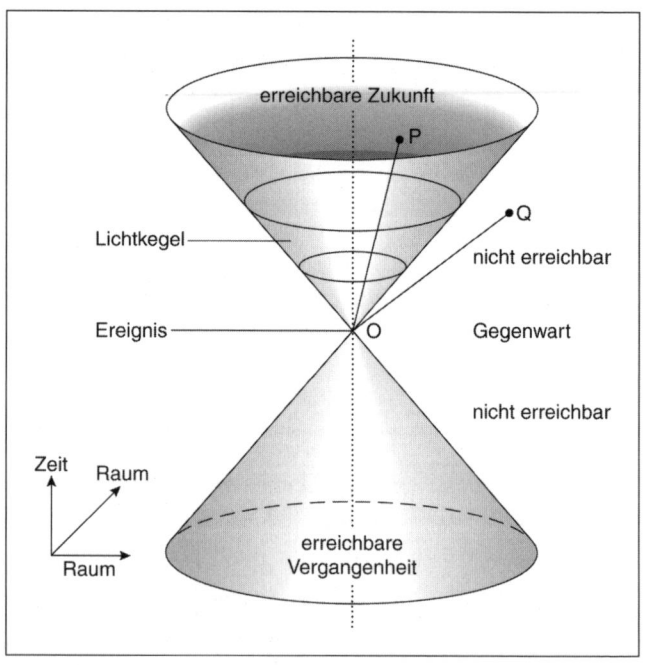

Abbildung 12 Der Lichtkegel des Ereignisses O markiert die Ausbreitung von Lichtsignalen, die von O ausgehen oder O erreichen.

null für Punkte außerhalb des Lichtkegels. Eine Reihe von Experimenten haben gezeigt, daß s die von Uhren in der Raumzeit gemessene Zeit ist.

Das »Zwillingsparadoxon« stellt sich nun als eine simple Dreiecksbeziehung in der Raumzeit dar. Für den ruhenden Zwilling vergeht die Eigenzeit $s(\overline{OR})$, für den über R nach U reisenden $s(\overline{OR}) + s(\overline{UR})$. Wie man leicht nachrechnen kann, gilt

$$s(\overline{OR}) > s(\overline{OU}) + s(\overline{UR}) \,.$$

Dies sind andere Verhältnisse als im euklidischen Raum. Dort gälte für ein Dreieck OUR die Ungleichung $\overline{OR} < \overline{OU} + \overline{UR}$ (Abbildung 13).

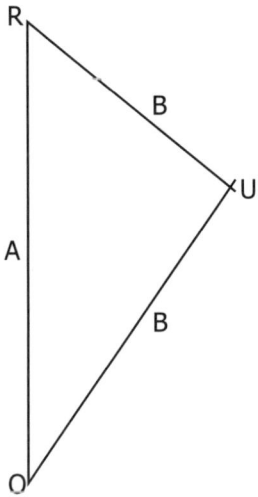

Abbildung 13 In der Raumzeit gilt die Dreiecksungleichung in der ungewöhnlichen Form, dass der Abstand OR (das Eigenzeitintervall von O nach R) größer ist als die Summe der Raumzeit-Abstände OU und UR. Dies ist das sogenannte »Zwillingsparadoxon«: Für den ruhenden Zwilling vergeht von O nach R mehr Eigenzeit, als für den »bewegten«, der von O über U nach R reist.

Die spezielle Relativitätstheorie Einsteins hat sich als tragfähige Grundlage für alle diejenigen Teile der Physik erwiesen, bei denen die Schwerkraft vernachlässigt werden kann. Vor allem für die Hochenergie-Teilchenphysik ist die Theorie unentbehrlich.

Nach Einstein kann die Gravitation durch eine zweite Verfeinerung der Raumzeitstruktur berücksichtigt werden. Seiner Gravitationstheorie, der allgemeinen Relativitätstheorie von 1915, liegt der Gedanke zugrunde, dass diese Struktur nicht fest vorgegeben ist, sondern von den vorhandenen Massen und Energien bestimmt wird. Jeder Körper verzerrt in seiner Umgebung das räumlich-zeitliche Maßfeld, in das er eingefügt ist. Umgekehrt bestimmt auch die Raumzeit-Geometrie die Dynamik. Dadurch wirken verschiedene Körper aufeinander ein: Dies ist die Gravitation. Das metrische Feld zwischen den Körpern wirkt auch auf das Licht, das in der Nähe von Körpern abgelenkt wird. Also ist die Lichtkegelstruktur nicht fest vorgegeben, sondern ergibt sich aus der Verteilung der Massen. Diese enge Beziehung zwischen Raum, Zeit und Materie macht Berechnungen in der allgemeinen Relativitätstheorie schwierig. Andrerseits war mit dieser Theorie ein großer Schritt in Richtung auf die Einheit der Physik getan. Da die Schwerkraft in die geometrischen Eigenschaften der Raumzeit verwoben ist, muss sie nicht wie bei Newton als zusätzliche unabhängige Struktur erfasst werden. In dieser Hinsicht ist die allgemeine Relativitätstheorie bislang das vollkommenste Teilstück der Physik.

In Abbildung 14 ist schematisch gezeigt, wie die Lichtkegel sich in der Nähe einer Masse verändern. Man spricht von der »Raumkrümmung«, die einer geradlinigen Lichtausbreitung entgegensteht. Wir können versuchen, uns diesen anschaulich etwas schwierigen Begriff durch die Betrachtung der Bahnen kräftefreier Teilchen zu verdeutlichen. In der vierdimensionalen flachen Raumzeit, dem sogenannten Minkowskiraum, laufen die Teilchen ohne Einwirkung äußerer Kräfte auf geraden Linien. Entsprechend dazu gibt es in einer gekrümmten Raumzeit die »geodätischen« Linien. Im euklidischen Raum sind dies die Kurven kürzester Verbindung zwischen zwei Punkten, in einer gekrümmten Raumzeit wird längs dieser Kurven der vierdimensionale Abstand maximal. Dieser Abstand ist gleich der Eigenzeit s, also dem Zeitintervall, das eine längs dieser Kurve geführte Uhr anzeigen würde. Im Falle positiver Krümmung laufen zwei benachbarte parallele Geodäten aufeinander zu, wie die Großkreise auf einer Kugeloberfläche, die am Äquator parallel sind und sich an den Polen schneiden. Bei negativer Krümmung laufen anfänglich parallele Geodäten auseinander (Abbildung 4 auf Seite 45).

Das Licht bewegt sich auf Geodäten, längs denen die Eigenzeiten null sind, auf sogenannten »Nullgeodäten«. Für ein Lichtteilchen vergeht überhaupt keine Zeit, selbst wenn es kosmische Entfernungen von Milliarden Lichtjahren zwischen Aussendung und Empfang zurücklegt. Auch in einer gekrümmten Raumzeit formen die Nullgeodäten die Lichtkegel. Da sich kein Signal schneller als mit Lichtgeschwindigkeit ausbreiten kann, liegen die Bahnkurven von Teilchen mit positiver Masse stets innerhalb der

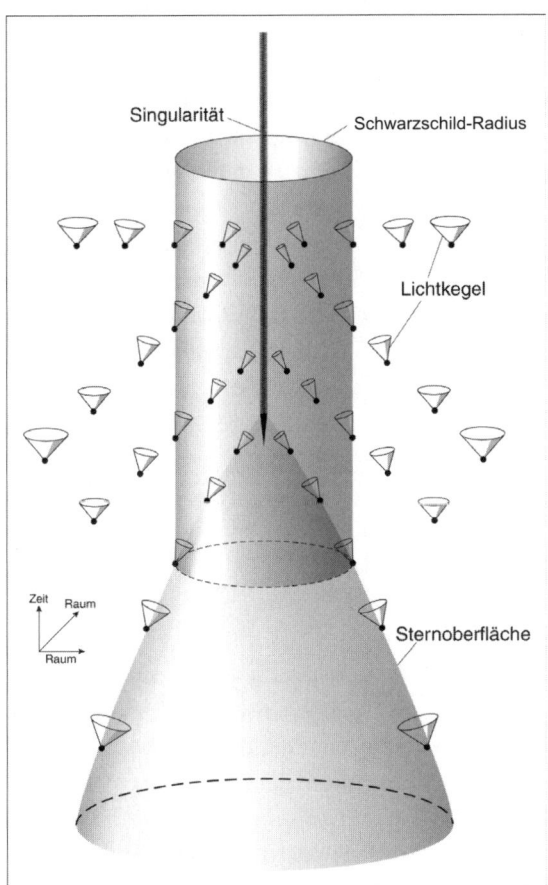

Die Bildunterschrift mit den Labels im Bild:

Singularität

Schwarzschild-Radius

Lichtkegel

Sternoberfläche

Zeit

Raum

Raum

Abbildung 14 Beim Kollaps in ein Schwarzes Loch schrumpft ein Stern (in diesem Bild schematisch als Kreisfläche dargestellt) zu einem Punkt, in dem die gesamte Masse zu unendlicher Dichte konzentriert ist. An den Lichtkegeln erkennt man, dass schon vor diesem Endzustand sich eine Fläche in der Raumzeit bildet, die eine Grenze für die Lichtausbreitung darstellt: Von Punkten auf dieser Fläche breiten sich Lichtsignale nicht mehr nach außen, sondern nur noch nach innen aus. Diese Fläche ist der Schwarzschild-Horizont, sein Radius der Schwarzschild-Radius.

Lichtkegel, die zu den Punkten der Bahnkurve gehören. Damit markieren die Lichtkegel auch die Grenzen für die Ausbreitung von Signalen, die kausale Struktur.

Die Schwerkraft

In Einsteins Theorie gibt es die Schwerkraft nicht mehr. Sie ist eingewoben in das Raumzeit-Gefüge und ein Teil der Geometrie geworden. Wie kann sie dann aber die gegenseitige Anziehung von Massen und die Bewegung der Himmelskörper bestimmen?

Betrachten wir für einen Moment das Sonnensystem: Die Bahn der Erde um die Sonne wird durch die Verformung der Raumzeit in der Sonnenumgebung bestimmt. Stellen wir uns das Raumzeitgefüge wie ein Tuch aus elastischem Material vor, so produziert eine große Masse wie die Sonne eine tiefe Delle. Körper, die zu weit in diesen Trichter geraten, fallen nach unten in die Sonne. Dies ist die Massenanziehung, die in diesem Fall etwas einseitig aussieht, weil die Sonnenmasse so überwiegend groß ist (Abb. 15). An der Wand dieses Trichters kann sich die Erde halten und auf ihrer Bahn umlaufen, denn ihre Geschwindigkeit passt genau zum Abstand von der Sonne, wie es das Keplersche Gesetz verlangt.

Auf Grund ihrer Masse bildet die Erde um sich einen kleineren Trichter aus, an dessen Wänden etwa Satelliten umlaufen. Da die Masse der Satelliten verschwindend gering ist, herrscht in ihnen die »Schwerelosigkeit«. Durch die Bewegung auf der Umlaufbahn wird die Schwerkraft der Erde kompensiert. Wohl jeder hat schon die Übertragungen im Fernsehen gesehen, in denen die Schwerelosigkeit eindrucksvoll demonstriert wurde. Dieser Effekt ist Beispiel für ein Grundprinzip der Einsteinschen Theorie, das sogenannte »Äquivalenzprinzip«. Es besagt, dass die Gravitationswirkung an einem Punkt nicht von einer Beschleunigung unterschieden werden kann. Längs ihrer ellipsenförmigen Umlaufbahn führt die Erde eine derartige beschleunigte Bewegung aus.

Es ist ganz erstaunlich, dass trotz dieser recht andersartigen Formulierung die Einsteinsche Theorie in die Newtonsche Theorie übergeht, wenn schwache Gravitationsfelder und kleine Geschwindigkeiten betrachtet werden.

In einigen Punkten korrigiert die allgemeine Relativitätstheorie jedoch die Vorhersagen der Newtonschen Theorie, und sie

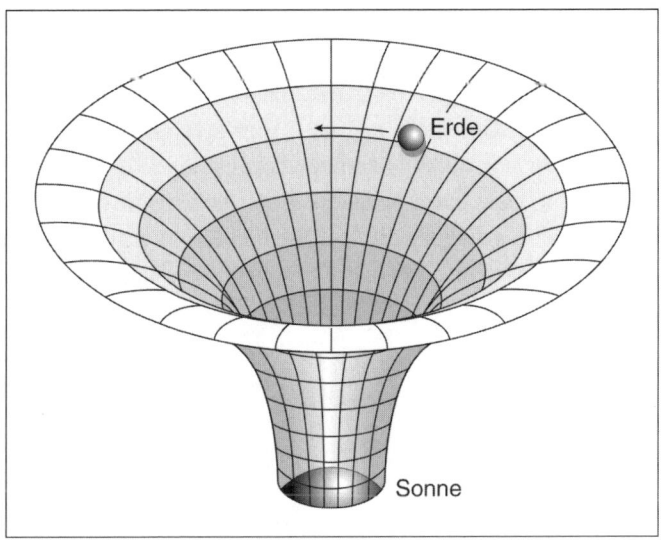

Abbildung 15 In Einsteins allgemeiner Relativitätstheorie wird die Schwerkraft zu einer geometrischen Eigenschaft des Raums: Am Beispiel von Sonne und Erde ist hier schematisch dargestellt, wie die Sonne mit ihrer großen Masse einen tiefen Trichter in der Raumzeit, die wir uns als elastisches, dehnbares Gewebe vorstellen, erzeugt. An der Wand des Trichters rollt die Erde entlang, die vom Sturz auf die Sonne durch ihre Geschwindigkeit gehindert wird.

hat im Gegensatz zu einer Reihe rivalisierender Gravitationstheorien bis jetzt allen experimentellen Prüfungen standgehalten. So erklärt sie die seit 1859 bekannte anomale Drehung der Bahn des sonnennächsten Planeten Merkur. Außerdem bestätigten die Beobachtungen Voraussagen wie die Lichtablenkung durch das Schwerefeld der Sonne, die 1919 erstmals nachgewiesen wurde, sowie den kombinierten Einfluss von Gravitationsfeldern und Bewegungen auf den Gang von Uhren und die damit verbundene Beeinflussung der Laufzeit von Radarstrahlen durch die Schwerefelder, die sie durchqueren. Auf Grund der bisherigen Beobachtungen und Messungen können die von Einstein behauptete Krümmung der Raumzeitmanigfaltigkeit und der dynamische Charakter der Metrik als erwiesen gelten.

Im Bereich der Atome ist die Schwerkraft völlig unbedeutend, aber sie wird wichtig, wenn große Massen ins Spiel kommen. Die andere langreichweitige Kraft, die elektromagnetische, wirkt verschieden auf positive und negative Ladungen. Gleichnamige Ladungen stoßen sich ab, entgegengesetzt geladene Teilchen ziehen sich gegenseitig an. Dies führt zu einer Abschirmung der elektrischen Kraft in größeren Bereichen. Für die Gravitation scheint es keine Abschirmung zu geben, denn negative Massen sind nicht bekannt.

Grundlegendes über Schwarze Löcher

Zwei Monate nachdem Albert Einstein seine grundlegende Arbeit zur allgemeinen Relativitätstheorie veröffentlicht hatte, fand Karl Schwarzschild zum Ende des Jahres 1915 die später nach ihm benannte Lösung der Feldgleichungen. Diese »Schwarzschild-Geometrie« ist als Prototyp eines »Schwarzen Lochs« bekannt geworden, doch beschreibt sie ganz allgemein die gekrümmte Raumzeit außerhalb einer kugelsymmetrischen Massenverteilung. Auch im Raum um die Sonne etwa wird die Raumzeit durch die Schwarzschild-Lösung dargestellt, soweit eben die Sonne als kugelförmig betrachtet werden kann.

Versuchen wir nun in Gedanken eine Massenkugel, wie etwa die Sonne, in einem immer kleineren Radius zu konzentrieren, so wie dies ja in der Newtonschen Theorie bis hin zur Idealisierung der punktförmigen Masse möglich ist. Stets gilt im Außenraum die Schwarzschild-Lösung. Doch für Radien kleiner als $r_s = \frac{2GM}{c^2}$ (M ist die Masse innerhalb r_s, c die Lichtgeschwindigkeit, G die Gravitationskonstante) verlieren die statischen, das heißt nicht von der Zeit abhängigen Koordinaten, die Karl Schwarzschild benutzt hat, ihre Gültigkeit. Wir erreichen also in diesem Gedankenexperiment nicht das Äquivalent der Newtonschen Punktmasse, die bei $r = 0$ konzentriert ist, sondern kommen nur bis zum sogenannten Schwarzschild-Radius r_s und wissen zunächst nicht, was sich im Inneren von r_s abspielt. Zur Beschreibung des inneren Bereichs, das heißt für Radien kleiner als r_s, haben die Theoretiker im Laufe der Zeit besser geeignete Koordinaten gefunden.

Am einfachsten können wir die Struktur dieser Raumzeit analysieren, wenn wir die Lichtausbreitung studieren. Weit entfernt vom Schwarzschild-Radius sind die Verhältnisse wie im euklidischen Raum, aber bei Annäherung an den Schwarzschild-Radius werden die Lichtkegel verformt. Ein am Schwarzschild-Radius ausgesandter Lichtstrahl, gleich in welche Richtung, wird so stark verbogen, dass er nicht nach außen entweichen kann, sondern in dieser Kugel vom Radius r_s gefangen bleibt. Lichtstrahlen, die innerhalb dieses Radius emittiert werden, können der Raumzeit-Krümmung nicht mehr entgehen, sondern enden in der Singularität bei $r = 0$ (Abb. 16).

Licht aus dem Außenraum kann in den Schwarzschild-Radius ohne weiteres eindringen, aber kein Lichtstrahl kann herauskommen.

Der Schwarzschild-Radius legt also eine Struktur in der Raumzeit fest, einen »Horizont«, der Außen und Innen unausweichlich trennt. Da jede Art von Informationen höchstens mit Lichtgeschwindigkeit übermittelt werden kann, wirkt der Horizont wie eine Membran, die nur in einer Richtung, nämlich nach Innen, Energie und Information durchlässt. Im Inneren befindet sich die Singularität bei $r = 0$, wie bei der Newtonschen Punktmasse. Tatsächlich muss, zumindest nach der allgemeine Relativitätstheorie, jede Masse innerhalb des Horizonts als singuläre Punktmasse enden. Innerhalb des Horizonts drehen sich die Lichtkegel um neunzig Grad. Dies kann man so verstehen, dass Raum und Zeit ihre Funktion vertauschen. Im Inneren des Horizonts »vergeht« der Raum, so wie in der wirklichen Welt die Zeit. Nichts kann das Aufzehren der Entfernung bis zum Punkte $r = 0$ aufhalten, alles endet in dieser Singularität.

Die Raumzeit der Schwarzschild-Lösung ist also leer, das heißt, außer- und innerhalb des Horizonts befindet sich keine Materie bis auf die Punktmasse M im Mittelpunkt. Ein Beobachter außerhalb misst eine Gravitationswirkung, die einer Masse M entspricht.

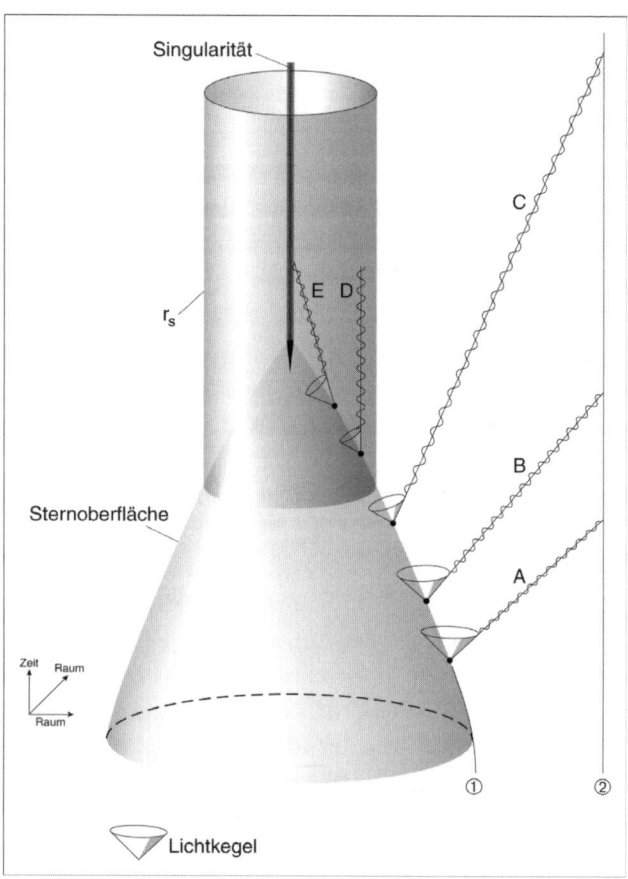

Abbildung 16 Ein Schwarzes Loch trennt die Raumzeit in zwei Bereiche, so dass von innen keine Signale nach außen gelangen können. Signale, die beim Sturz eines Senders in regelmäßigen Intervallen ausgesendet werden, erreichen einen Empfänger im Außenraum mit immer größerer Zeitverzögerung. Diese Zeitverzögerung wächst bei Annäherung an den Schwarzschild-Radius über alle Grenzen.

Dieses Gebilde, die Punktmasse M, die von einem Horizont r_s umgeben ist, nennen die Astrophysiker »Schwarzes Loch«, ein Name, den John Wheeler 1968 in einem Vortrag erfand. (Allerdings gibt es bereits von 1905 eine Geschichte von Hubert von Meyrinck mit dem Titel »Die Schwarze Kugel«, in der das Auftauchen dieses alles verschlingenden Nichts geschildert wird. Bei

Meyrinck entsteht das Schwarze Loch allerdings nur als Gedankenprojektion eines k. u. k. Offiziers.)

Ein Schwarzes Loch ist also weder ein materieller Körper, noch besteht es aus Strahlung; es ist buchstäblich ein Loch in der Raumzeit, in dessen Innenbereich sich die Singularität befindet ohne die Möglichkeit einer kausalen Verbindung zu einem Beobachter außerhalb. Derartige Horizonte oder Kausalitätsgrenzen sind ein bemerkenswertes Ergebnis der allgemeinen Relativitätstheorie, das für alle realistischen Singularitäten typisch sein könnte: Eine »kosmische Zensur« verhüllt sie vor dem Auge des Betrachters.

Sterne, Planeten, oder andere physikalische Objekte sind natürlich weit ausgedehnter als ihr Schwarzschild-Radius. Die Sonne hat einen Schwarzschild-Radius von 3 km, die Erde von 0,9 cm. Die Tatsache, dass die Sonne oder die Erde selbst weit größer sind, zeigt an, dass die Abweichung von der flachen Raumzeit in der Umgebung dieser Himmelskörper sehr klein ist. Subatomare Teilchen, wie etwa Proton und Neutron, sind um den Faktor 10^{39} ausgedehnter als ihr Schwarzschild-Radius. In der Elementarteilchenwelt spielt die Gravitation eben keine Rolle. Anders sieht es schon bei einem Neutronenstern aus, einem Himmelskörper etwa von der Masse der Sonne, aber mit einem Radius von 10 km, also nur dreimal so groß wie sein Schwarzschild-Radius. Für die Struktur der Neutronensterne sind die Abweichungen von der Newtonschen Theorie beträchtlich. Einen Neutronenstern muss man nur auf ein Drittel seiner Größe zusammendrücken, um ihn in ein Schwarzes Loch zu verwandeln.

Karl Schwarzschild selbst war schon durch das singuläre Verhalten seiner Lösung am Schwarzschild-Radius beunruhigt. Deshalb untersuchte er die Lösung der Einsteinschen Feldgleichungen für eine Kugel mit konstanter Dichte. Er konnte zeigen, dass der Radius solch einer Kugel stets größer sein muss als $\frac{9}{8} r_s$. Eine derartige Kugel ist also immer außerhalb des Schwarzschild-Radius.

Wegen der enormen Konzentration der Masse in einem kleinen Volumen sind auch die Gezeitenkräfte in der Nähe eines Schwarzen Lochs größer als bei normalen Sternen. So wird beispielsweise ein Forscher, der in ein Schwarzes Loch von der Masse der Sonne fällt, durch die Gezeitenkräfte außerhalb des Horizonts verzerrt. Da die Füße stärker angezogen werden als der Kopf, wird er längs gedehnt, gleichzeitig aber zusammengedrückt. Die Spannungen, die dabei entstehen, sind am Horizont sehr groß – 10 000 bis 100 000 Atmosphären für ein Schwarzes Loch von Sonnenmasse –, fallen aber mit dem Quadrat der Masse ab. Für große Schwarze Löcher lassen sich die Gezeitenkräfte gut aushalten, und der Fall ins Schwarze Loch verläuft auch beim Durchqueren des Horizonts ohne besondere Vorkommnisse, bis er eben in der Singularität bei $r = 0$ ein Ende mit Schrecken findet.

Gravitationskollaps

Ein Stern großer Masse, der den Kernbrennstoff in seinem Inneren verbraucht hat, zieht sich unter dem Einfluss seiner Schwerkraft immer weiter zusammen und verschwindet schließlich durch den Horizont in der Singularität. Für einen Beobachter auf der Sternoberfläche geschieht dies in der Zeit, die er im freien Fall für diese Strecke braucht, also für einen Stern von einigen Sonnenmassen in ein paar Sekunden. Dagegen nähert sich für einen Beobachter im Außenraum die Sternoberfläche dem Horizont immer langsamer und erreicht ihn nie. Der Stern scheint am Schwarzschild-Radius »einzufrieren«. Dies hängt mit der Ausbreitung der Strahlung in der Nähe des Horizonts zusammen. Sendet der kühne Forscher beim Fall ins Schwarze Loch in regelmäßigen Abständen Strahlungsblitze aus, so empfängt der vorsichtige Beobachter im Außenraum diese Pulse in immer größeren Zeitabständen. Schließlich erreicht ihn der am Horizont ausgesandte Lichtblitz nicht mehr – »er erreicht ihn erst nach unendlich langer Zeit«, wie die Relativisten das gerne ausdrücken (siehe Abb. 14, 16).

All dies ist im Prinzip so richtig, praktisch aber wird der Stern ganz plötzlich unsichtbar, denn die Wellenlänge des in der Nähe des Horizonts ausgesandten Lichts wird vom Beobachter mit großer Rotverschiebung (das heißt Verschiebung zu längeren Wellenlängen) empfangen, exponentiell anwachsend mit der

Annäherung der Quelle an den Horizont. Dementsprechend fällt auch die Leuchtkraft schnell ab. In der Zeitspanne von einer Hunderttausendstel Sekunde für einen Stern von Sonnenmasse ($T \sim r_s/c \sim 10^{-5}(M/M_\odot)$ Sek. ist die Zeit, die das Licht braucht, um die Distanz des Schwarzschild-Radius zu durchlaufen) wird also der kollabierende Stern unsichtbar.

Die Schwarzschild-Lösung ist allein durch ihre Masse festgelegt, doch fast alle Sterne rotieren, und deshalb ist auch das aus dem Kollaps entstehende Schwarze Loch im allgemeinen ein rotierendes. Im Vergleich zur Schwarzschild-Lösung weist die Raumzeit rotierender Schwarzen Löcher eine recht vielfältige Horizontstruktur auf. Es gibt auch noch, zumindest im Prinzip, die Möglichkeit, dass Schwarze Löcher eine elektrische Ladung besitzen. Masse, Drehimpuls und Ladung kennzeichnen Schwarze Löcher vollständig für die Außenwelt. Es ist erstaunlich, dass Sterne trotz ihrer reichhaltigen Formen und Strukturen ein derart einfaches Endstadium erreichen. Ein wenig fühlt man sich an Platons Vorstellung von den »idealen Körpern« erinnert.

Können Schwarze Löcher beobachtet werden?

Schwarze Löcher senden keine Strahlung aus, können aber indirekt beobachtet werden, wenn sie Materie aufsammeln, die sich beim Fall ins Schwarze Loch aufheizt. Die Strahlung, die von dieser einfallenden Materie ausgeht, kann registriert werden.

Schwarze Löcher in Röntgendoppelsternen

Beobachtungen des Himmels im Röntgenlicht durch Satelliten erbrachten Hinweise auf die Existenz von Doppelsternsystemen, in denen ein optisch sichtbarer Stern von einer unsichtbaren kompakten Röntgenquelle umkreist wird. In einigen Fällen kommen die Astronomen zu dem Schluss, dass die Röntgenquelle ein Schwarzes Loch sein muss. Diese Folgerung beruht auf Schätzungen der Masse, die möglich sind, wenn das System mit Hilfe der periodischen Schwankungen der optischen und der Röntgenstrahlung genau vermessen wird. Stellt sich heraus, dass die Masse des kompakten Röntgensterns wesentlich größer als die maximale Masse eines Neutronensterns ist, so muss es sich um ein Schwarzes Loch handeln.

Der berühmteste Kandidat ist der Röntgenstern Cygnus X-1, dessen Masse zwischen 9 und 16 Sonnenmassen liegt, mindestens dreimal so groß wie die Massengrenze von Neutronensternen. Cygnus X-1 ist also mit ziemlicher Sicherheit ein Schwarzes Loch. Für einige weitere Kandidaten gibt es ähnliche Argumente. Die Astronomen wären natürlich glücklicher, wenn sie sich nicht nur auf diesen indirekten Beweis verlassen müssten, sondern wenn eine charakteristische Eigenschaft der Strahlung – wie etwa eine typische zeitliche Variation – ohne Zweifel als Signatur eines Schwarzen Lochs identifiziert werden könnte. Gegenwärtig ist kein eindeutiges Kennzeichen dieser Art bekannt.

Schwarze Löcher im Zentrum von Galaxien

Genaue Beobachtungen der Zentralgebiete von aktiven Galaxien und Quasaren zeigten, dass dort hohe Konzentrationen von Masse und Energie und hohe Geschwindigkeiten in relativ kleinen Gebieten vorhanden sind. So wurde etwa in den letzten Jahren die Galaxie M87 mit dem Weltraumteleskop Hubble untersucht.

In ihrem inneren Bereich von 500 Lichtjahren befindet sich eine Gasmasse, die mit einer Geschwindigkeit von etwa 750 km s^{-1} rotiert. Diese schnelle Rotation lässt sich am besten als die Bewegung um ein Schwarzes Loch von etwa 10^9 Sonnenmassen erklären.

Sogar im Zentrum unserer Milchstraße konnte ein Schwarzes Loch aufgespürt werden: Messungen im infraroten Spektralbereich ergaben, dass die Sternbewegungen innerhalb eines Radius von 0,3 Lichtjahren durch eine Masse von etwa 10^6 $M_\odot$ beeinflusst werden. Die Annahme, dass es sich um ein Schwarzes Loch handelt, scheint plausibel, denn jede andere Konfiguration – ein dichter Sternhaufen, ein riesiger Stern – wäre nicht wirklich stabil und würde sich in einigen Millionen Jahren ohnehin zu einem Schwarzen Loch entwickeln.

Quantentheorie und Schwarze Löcher

Die Singularität

Beim Gravitationskollaps stürzt im Inneren des Horizonts die gesamte Masse unaufhaltsam weiter zusammen, bis sie in einem Punkt konzentriert ist. Im Endstadium findet man also eine Punktmasse mit unendlich großer Dichte vor, eine Singularität, die in einer wohldefinierten physikalischen Theorie nicht vorkommen sollte. Die allgemeine Relativitätstheorie führt aber zwangsläufig zu einem solchen Zustand als Konsequenz der alle Gegenkräfte überwindenden Schwerkraft. Damit zeigt sich im Gravitationskollaps unmittelbar die Grenze der Gültigkeit dieser Theorie. Auch in der Newtonschen Theorie benützt man die Idealisierung der Punktmasse und beschreibt das Gravitationsfeld einer kugelsymmetrischen Massenverteilung exakt durch eine Konzentration der gesamten Masse im Zentralpunkt. Dies wäre ebenso eine Singularität, doch liegen in der Newtonschen Theorie die Verhältnisse ganz anders. In großer Entfernung kann man das Feld eines Massenpunktes betrachten, doch in der Nähe ist die endliche Dichte der wirklichen Massenverteilung maßgebend. In der allgemeinen Relativitätstheorie dagegen ist die Punktmasse Realität, der Kollaps zu beliebig kleiner Ausdehnung ist das wirkliche Schicksal großer Massen. Gemildert wird dies allein durch die Entstehung des Horizonts, der die Außenwelt von der Singularität abschirmt.

Wie könnte der Kollaps aufgehalten werden? Bei der Kompression zu immer größeren Dichten wird irgendwann die klassische Beschreibung ungültig, denn auch ein anfangs großer, ausgedehnter Stern wird dann in gewissem Sinne zu einem Quantenobjekt. Schließlich, so vermuten die Physiker, wird auch die Beschreibung der klassischen Raumzeit als Kontinuum, in dem beliebig kleine Abstände zwischen zwei Punkten möglich sind, nicht weiter gelten. Sie muss irgendwann in eine quantisierte Struktur, vielleicht mit einer fundamentalen, kleinsten Länge übergehen. Eine Theorie, die diese Verknüpfung von Einsteinscher Gravitationstheorie und Quantentheorie enthält, hat zwar wie bereits erwähnt schon einen Namen – »Quantengravitation« –, ist aber noch nicht in Sicht, trotz großer Aktivitäten auf diesem Forschungsgebiet.

Anhänger der Stringtheorie vermuten, dass diese Theorie, oder die ihr zugrunde liegende, noch etwas rätselhafte M-Theorie, Lösungen bietet, die einer Quantengravitation entsprechen könnten. Grundbausteine dieser Theorie sind »strings« oder Membrane, subatomar kleine Saitenstücke oder Flächen, deren Schwingungen aus dem Vakuum die Welt erzeugen. Diese Schwingungen finden in wenigstens zehndimensionalen Räumen statt, doch in der wirklichen vierdimensionalen Raumzeit sind sechs dieser Dimensionen irgendwie in winzig kleinen Bereichen »eingerollt« und bleiben unbemerkt. Als anschauliches Bild ist vielleicht ein Strohhalm geeignet, der aus großer Entfernung wie ein Stück einer Linie aussieht, also wie eine eindimensionale Struktur. Bei näherer Betrachtung wird aber deutlich, dass es sich um ein Stückchen einer Röhre handelt, also bei Vernachlässigung der Wanddicke um eine zweidimensionale Zylinderfläche. Schaut man noch genauer hin, erkennt man auch die Wanddicke und damit die tatsächlich vorhandene dreidimensionale Struktur.

Ganz ähnlich – so die Stringtheorie – kommen bei der Annäherung an eine Singularität, etwa beim Gravitationskollaps, die aufgewickelten Dimensionen wieder zum Vorschein, und an Stelle der Singularität entfaltet sich der schwingende zehndimensionale String. So könnte es vielleicht sein, doch recht viel mehr kann man dazu jetzt nicht sagen. Die M-Theorie hat offenbar unglaublich viele Lösungen, und bis jetzt sind diejenigen, die der wirklichen Welt entsprechen, noch nicht gefunden worden.

Hawking-Strahlung

Statt auf die umfassende allgemeine Theorie zu warten, kann man auch etwas bescheidener Zusammenhänge zwischen Gravitationstheorie und Quantenmechanik aufdecken, indem man Quantenfelder in einer fest vorgegebenen Raumzeit untersucht. Stephen Hawking machte hier 1974 eine frappierende Entdeckung: Schwarze Löcher sind gar nicht schwarz, sondern sie sen-

1 Die Erde als prachtvolle, farbige Kugel im All wurde zum ersten Mal von den Besatzungen der Apollo-Flüge so gesehen (© NASA, Apollo 17).

2 Dieses Schaubild zeigt die Sonne und von links nach rechts die Planeten Merkur, Venus, Erde, Mars, Jupiter, Saturn, Uranus, Neptun und Pluto etwa im richtigen Größenverhältnis (*mit freundlicher Genehmigung von C. Hamilton*).

3 [oben] Auf diesem Bild, das mit dem Weltraumteleskop »Hubble« (»Hubble Space Telescope« – HST) gewonnen wurde, sieht man ein Gebiet im Sternbild »Adler«, in dem sich neue Sterne bilden. Säulen aus kaltem Wasserstoffgas und Staub werden von der heißen UV-Strahlung der neu entstandenen Sterne beleuchtet. Die Farbkomposition ist so gewählt, dass ein optisch ansprechender Eindruck entsteht (*mit freundlicher Genehmigung des STScI* [*Space Telescope Science Institute*]).

rechte Seite:

4 [oben] Der Krebsnebel auf diesem HST-Bild ist der Überrest einer Supernova aus dem Jahre 1054, die von chinesischen Astronomen entdeckt wurde. In diesem Nebel strahlt ein »Pulsar« periodische Radiosignale aus, deren 33 Millisekunden lange Periode von einem Neutronenstern stammt, der sich 30-mal pro Sekunde um seine Achse dreht (*mit freundlicher Genehmigung des STScI*).

5 [unten] Die Andromeda-Galaxie in 2 Millionen Lichtjahren Entfernung ist die zur Milchstraße nächstgelegene große Spiralgalaxie. Von außen betrachtet sähe unsere Milchstraße wohl ganz ähnlich aus (*mit freundlicher Genehmigung von J. Ware*).

8 [oben] Diese Himmelsaufnahme, das sogenannte »Hubble Deep Field«, ist der tiefste Blick ins Universum im optischen Licht, der bislang erreicht wurde. Die Aufnahme gehört nicht nur zu den Schätzen der Astronomie, sondern auch zu den Schätzen der Menschheit. Dieses im Winkelmaß auf eine Bogenminute mal eine Bogenminute begrenzte Feld im Sternbild des Großen Bären (Ursa Major) enthält etwa 2500 Galaxien aller Art – scheibenförmig elliptische Spiralgalaxien und irreguläre. Das HST wurde für insgesamt 10 Tage auf diese Position ausgerichtet (*mit freundlicher Genehmigung des STScI*).

linke Seite:

6 [oben] Die Spiralgalaxie NGC4622 rotiert im Uhrzeigersinn – wohl im Gegensatz zur Vermutung der meisten Betrachter (*mit freundlicher Genehmigung des STScI*).

7 [unten] Der Galaxienhaufen A2218 wirkt als Gravitationslinse und verbiegt die Bilder ferner Galaxien zu elliptischer Form (*mit freundlicher Genehmigung des STScI*).

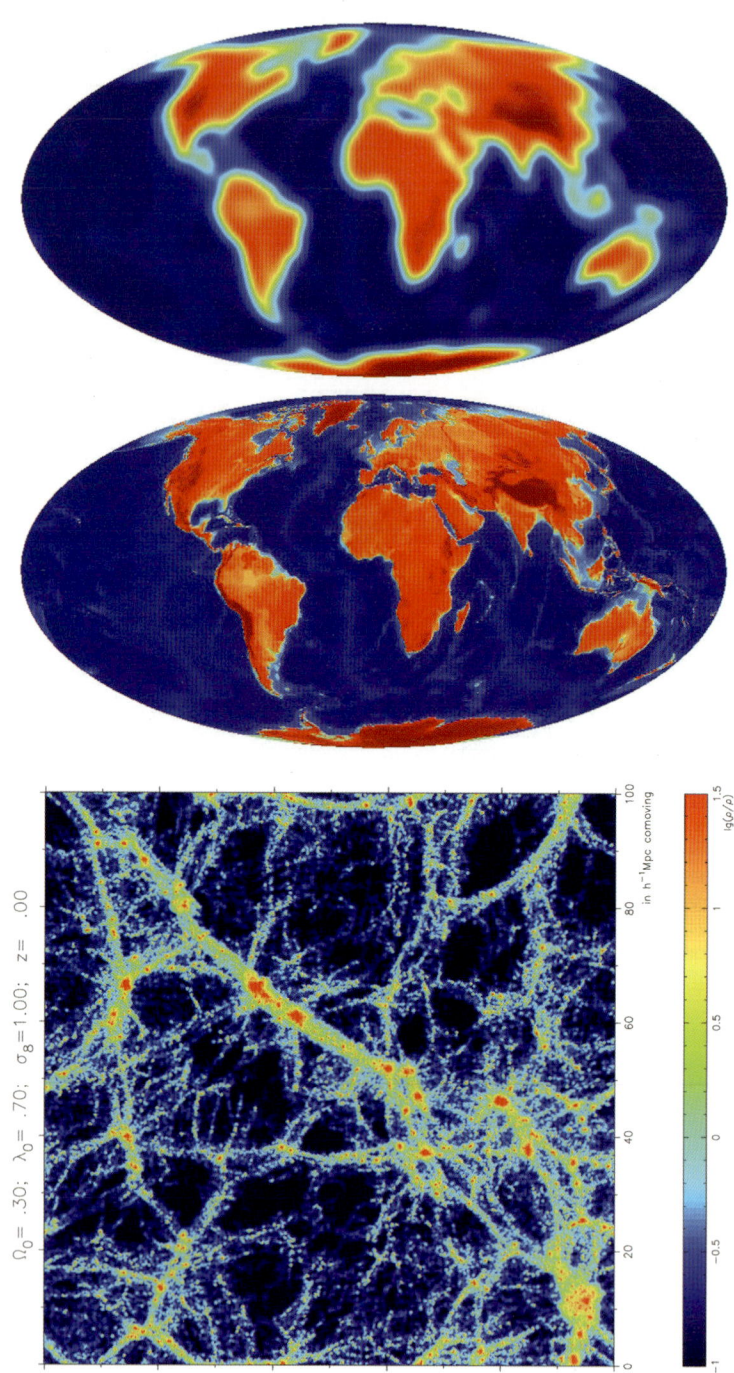

$\Omega_0 = .30; \quad \lambda_0 = .70; \quad \sigma_8 = 1.00; \quad z = .00$

in h^{-1}Mpc comoving

$\lg(\rho/\bar{\rho})^{1.5}$

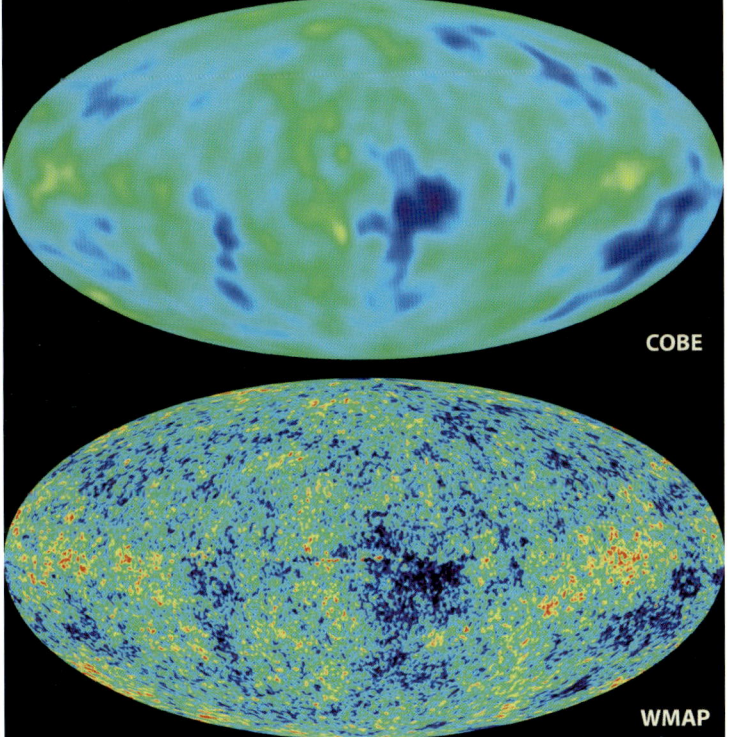

10 [oben] Im Vergleich der Himmelskarten, die aus den Messungen der Temperaturschwankungen des CMB mittels der Satelliten COBE und WMAP gewonnen wurden, erkennt man deutlich die Verbesserung der Auflösung, die mit WMAP erreicht wurde. Man sieht aber auch, wie einzelne Flecken mit höherer Temperatur aus dem COBE-Bild, die heller (gelb) eingefärbt sind, sich in der WMAP-Karte widerspiegeln (*mit freundlicher Genehmigung der WMAP collaboration*).

linke Seite:

11 [oben] Die verbesserte Winkelauflösung der Satelliten WMAP lässt sich veranschaulichen durch den fiktiven Blick von COBE (a) und WMAP (b) auf die Erde. Für COBE wäre Bayern gerade ein Messpunkt, während für WMAP München einen Messpunkt darstellt (*freundlicherweise zur Verfügung gestellt von M. Bartelmann, Univ. Heidelberg*).

9 [unten] Ein Querschnitt durch eine Simulationsrechnung mit Teilchen der Dunklen Materie zeigt ähnliche Verdichtungen und leere Bereiche, wie die beobachtete Verteilung. Helle (rote) Flächen markieren eine hohe Konzentration der Teilchen, also eine große Masse mit großer Gravitationsanziehung. Dunkle Flächen enthalten kein Teilchen, also auch keine Galaxien. Das wirkliche Volumen, das in dieser Simulation dargestellt wird, hat eine typische Dimension von etwa 300 Millionen Lichtjahren. Nicht nur dem Augenschein nach, sondern auch in quantitativen, statistischen Messgrößen stimmen diese Simulationen gut mit den astronomischen Beobachtungen überein.

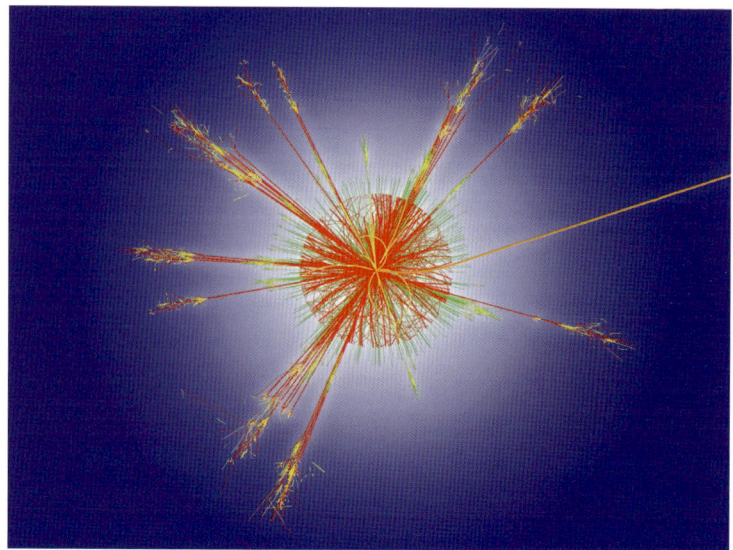

12 Beim Stoß zweier Protonen im Large Hadron Collider (LHC), der sich 2006 in Konstruktion befindet, entsteht eine Vielzahl von Teilchen, kenntlich an den Spuren verschiedener Farbe und Länge. Diese Computersimulation des Atlas-Experiments gibt einen Eindruck von der am LHC erwarteten Umwandlung der Stoßenergie in neue Teilchen (Copyright CERN).

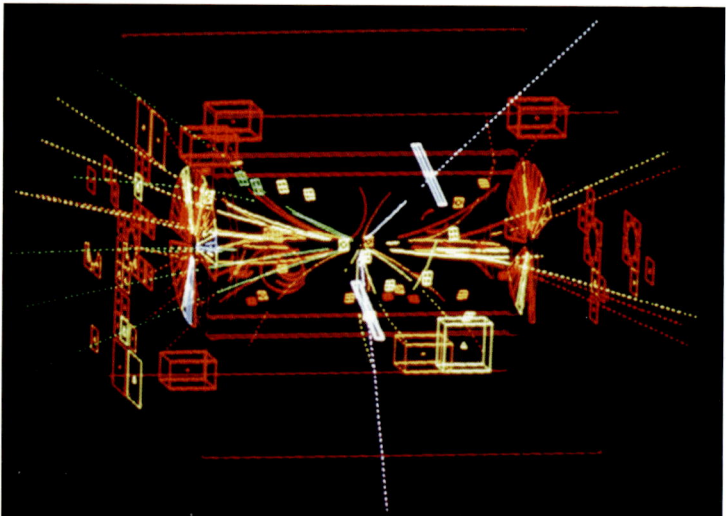

13 Auf diesem ersten Bild des neutralen Botenteilchen der elektroschwachen Wechselwirkung, des Z°, das bei den Experimenten am 30.4.1983 am CERN in Genf gefunden wurde, sieht man unter vielen Teilchenspuren, als spitz zulaufende gelbe Linien in der rechten unteren Hälfte des Bildes, die gekrümmten Bahnen des Elektrons und Positrons, die beim Zerfall von Z° entstanden (Copyright CERN).

den Strahlung aus, ganz so, als ob am Schwarzschild-Radius eine bestimmte Temperatur herrschen würde. Er untersuchte hierfür das Verhalten des Vakuums, also des Zustands ohne Teilchen in der Raumzeit eines Schwarzen Lochs.

Aus dem quantenmechanischen Vakuum entstehen und vergehen ständig Paare von virtuellen Teilchen und Antiteilchen. Nun ist es möglich, dass in der Nähe des Schwarzschild-Radius die virtuellen Antiteilchen durch diese Membran ohne Wiederkehr entschwinden. Dadurch gewinnen die entsprechenden Teilchen reelle Existenz. Einem fernen Beobachter erscheint die Gesamtheit dieser Teilchen wie eine thermische Strahlung.

Die Temperatur ist für Schwarze Löcher von Sternenmasse sehr niedrig

$$T = 10^{-7} \, (M_\odot/M)^{-1} \, Kelvin \, .$$

Kleine Schwarze Löcher – falls es sie gibt – könnten aber in einem Blitz aus Gammastrahlen enden. Ein spektakuläres Ereignis, das sogar beobachtbar sein könnte. Durch die sogenannte Hawking-Strahlung verliert das Schwarze Loch Energie, also Masse, es schrumpft. Die gesamte Masse zerstrahlt in einer Zeit

$$t = 10^{71} \, (M_\odot/M)^3 \, s \, .$$

Diese ist für sternartige Schwarze Löcher viele Größenordnungen länger als das Alter des Universums.

Was bleibt am Ende? Nur Strahlung oder eine Narbe im Raumzeit-Gefüge?

Wir wissen es nicht, denn das Problem, die Rückwirkung der abgestrahlten Energie auf das Schwarze Loch zu berechnen, ist noch nicht gelöst.

Raum und Zeit vergehen und entstehen

Auf diesem kurzen Spaziergang durch die Kosmologie und die Astrophysik haben wir viele merkwürdige Dinge angesprochen. Besonderes Augenmerk verdient meiner Ansicht nach die Erkenntnis, dass unsere üblichen Vorstellungen von Zeit und Raum keine allgemeine Gültigkeit besitzen. Raum und Zeit sind nicht einfach fest und ewig, unendlich ausgedehnt und gleichmäßig dahinfließend.

In der Umgebung eines Schwarzen Lochs wird ein Teil der Raumzeit abgeschnürt. Der Schwarzschild-Radius umschließt einen Bereich, der nicht mehr mit der Außenwelt in Verbindung treten kann. Beim Fall in ein Schwarzes Loch endet die Zeit in der Singularität. Von außen betrachtet aber bleiben alle Uhren am Schwarzschild-Radius stehen – dort vergeht keine Zeit mehr.

Im Urknall entstehen mit dem Universum auch Raum und Zeit, wie wir heute wissen vor etwa 14 Milliarden Jahren.

Nach Immanuel Kant sind Raum und Zeit die Kategorien unserer Erfahrung, das heißt die vorgegebenen Prinzipien, nach denen wir unsere Erfahrungen ordnen. Er hatte bei seinen Überlegungen wohl auch die Newtonsche Vorstellung des absoluten Raumes und der gleichmäßig dahinfließenden Zeit als unmittelbar evident im Sinne. Die neuen naturwissenschaftlichen Ergebnisse verändern diese Vorstellungen. Zwar gilt nach wie vor, dass wir unsere Erkenntnisse nach den Kategorien von Raum und Zeit ordnen, aber die Kategorien selbst verlieren ihren absoluten Charakter. Wenn die Raumzeit selbst vor 14 Milliarden Jahren entstanden ist, dann hat sie eben keinen ewigen Bestand, und damit sind auch die Kategorien unserer Anschauung nichts absolut Gegebenes, sondern etwas im Laufe der Entwicklung Gewordenes. Durch die Physik haben wir also Erkenntnisse gewonnen, die geradezu unserer Intuition widersprechen und unsere Alltagserfahrung durchbrechen. Zugleich weisen sie über unsere Alltagserfahrungen hinaus: Wenn auch Raum und Zeit entstehen und vergehen, dann kann es auch Strukturen außerhalb von Raum und Zeit geben.

Dieses Element der Transzendenz ist wiederum eine Bestätigung im Sinne Kants, dass es jenseits von Raum und Zeit Dinge geben könnte, dass diese aber unserer Erfahrung verschlossen sind.

Es fällt uns schwer zu glauben, dass es einen Aspekt der Wirklichkeit geben könnte, der die Zeitlichkeit nicht enthält. Unser Leben ist von der Zeit bestimmt: Das Vorübergehen der schönen und schlimmen Erlebnisse, das Vorher und Nachher, der Ablauf des Tages, der Jahre, das Altern und der Tod sind unausweichlich für uns.

Mit der veränderten Sicht von Raum und Zeit ist noch nicht gesagt, dass unsere Existenz wirklich über die Zeitlichkeit hinausreicht, dass es wirklich etwas gibt, dort, jenseits von Raum und Zeit. Aber es sind doch Einschränkungen deutlich geworden, denen unsere Erkenntnis unterliegt, und damit auch die Möglichkeit, gedanklich über diese Grenzen hinaus zu gehen.

So lässt die Entthronung der Zeit, des absoluten Tyrannen, der alles bestimmt, und ihre Verwandlung zu einer Größe, die selbst Veränderungen unterliegt, die Hoffnung keimen, dass, um es mit den Worten des österreichischen Physikers Erwin Schrödinger zu sagen, »der ganze Zeitplan doch nicht so ernst gemeint ist, wie es zunächst scheinen mag.«

3 Der Urgrund aller Dinge – Quantenwelt und Elementarteilchen

Eigenschaften des Kosmos, wie Raum und Zeit, lassen sich noch recht direkt mit unseren alltäglichen Erfahrungen verknüpfen. Viel schwieriger wird das im Reich der Quantenobjekte, da die Bilder, die wir aus quantenmechanischen Vorgängen gewinnen, oftmals dem gesunden Menschenverstand widersprechen. Wir müssen uns der Mühe, sie zu verstehen, unterziehen, denn die Atome und Elementarteilchen sind die Grundstrukturen der Welt. Die Kenntnis der grundlegenden Eigenschaften dieser kleinsten Bausteine erschließt uns auch einen weiteren Zugang zum Verständnis des Universums, besonders seiner frühen Epochen, die durch das Verhalten der Elementarteilchen geprägt werden. Zudem werden wir sehen, wie bemerkenswert verschieden die Quantenwelt von der uns vertrauten makroskopischen ist. Die Schöpfung umfasst auch die Quantenwelt, die sich letztlich als die Basis allen Geschehens im Universum erweist. Allein die Sprache der Mathematik mit ihrem hohen Abstraktionsgrad scheint eine angemessene Darstellung zu ermöglichen. Oft empfinden wir das nicht als befriedigend, denn natürlich möchten wir auch anschauliche Vorstellungen gewinnen über das, »was die Welt im Innersten zusammenhält«.

Die Probleme, die bei der Übersetzung von Konzepten aus der Mathematik und den exakten Naturwissenschaften in Begriffe der Alltagssprache auftreten, sind in einem fiktiven Gespräch, das Hans Magnus Enzensberger in seinem Aufsatz »Zugbrücke außer Betrieb« niederschrieb, hübsch illustriert:

Mathematiker: Es handelt sich um eine der wichtigsten Entdeckungen des letzten Jahrhunderts.

Laie: Können Sie mir das in Worten erklären, die für gewöhnliche Sterbliche verständlich sind?

Mathematiker: Das geht nicht. Sie können keinen Eindruck davon bekommen, wenn Sie die technischen Details

nicht verstehen. Wie soll ich über Mannigfaltigkeiten sprechen, ohne zu erwähnen, dass die Sät-
ze, um die es geht, nur dann funktionieren, wenn
diese Mannigfaltigkeiten endlich-dimensional,
parakompakt und hausdorffsch sind und wenn
sie einen leeren Rand haben?

Laie: Dann lügen Sie ein bisschen.

Mathematiker: Das liegt mir nicht.

Laie: Warum denn nicht? Alle anderen lügen doch
auch.

Mathematiker: Aber ich muss bei der Wahrheit bleiben.

Laie: Sicher. Aber Sie könnten sie ein bisschen verbie-
gen, wenn dadurch verständlicher wird, was Sie
eigentlich treiben.

Mathematiker: Es käme auf einen Versuch an.

Einen Versuch dieser Art wollen wir hier auch wagen – zwar wird
nicht gelogen, aber ein wenig verbogen wird die Wahrheit doch.
Allerdings soll auch immer, wenn dies geschieht, darauf hingewiesen werden.

Die Grundbausteine der Materie

Die normale Materie, aus der die chemischen Elemente, die Sonne, die Erde und die Planeten bestehen, macht nur etwa fünf Prozent der kosmischen Substanz aus. Trotzdem glauben die Physiker, dass hier der Schlüssel zum Verständnis der Welt liegt, denn
die Gesetze, denen die elementaren Teilchen gehorchen, bestimmen, verankert in tiefgehenden Theorien, auch das Verhalten der
restlichen 95 Prozent des Kosmos, der dunklen Materie und der
dunklen Energie. Das hoffen wir, und vielleicht ist es auch wahr.
Wie weit die fundamentalen Einsichten bis heute schon gewachsen sind, will ich in den folgenden Abschnitten skizzieren. Eine
einfache Frage soll ganz am Anfang stehen: Kann ein Stück Materie immer weiter unterteilt werden, unendlich weit, oder endet

die Teilung schließlich bei kleinsten, unteilbaren Einheiten, den Elementarteilchen?

Wir wissen, dass Moleküle nicht elementar sind, denn sie können durch chemische Prozesse oder auch durch Erhitzen und Bestrahlen in Atome zerlegt werden. Atome wiederum können in ihre Bestandteile, in Elektronen und den Atomkern, durch den Beschuss mit anderen Atomen oder durch die Bestrahlung mit kurzwelligem Licht aufgespalten werden. Auch die Atomkerne sind nicht elementar: Durch den Zusammenstoß mit hochenergetischen Teilchen oder mit hochenergetischer Strahlung, den Gammastrahlen, können Atomkerne in Protonen und Neutronen zerlegt werden. Ungefähr 50 Jahre lang galten das Proton und das Neutron als Elementarteilchen, aber in den vergangenen vier Jahrzehnten fanden die Hochenergiephysiker heraus, dass diese Teilchen sehr wahrscheinlich aus noch einfacheren Teilchen, den »Quarks« zusammengesetzt sind. Allerdings ist es bis jetzt noch nicht gelungen, Proton und Neutron wirklich aufzubrechen und die einzelnen Quarks freizusetzen.

Experimente, bei denen Protonen mit sehr hohen Energien aufeinander prallen, haben gezeigt, dass eine Vielzahl von Teilchen beim Stoß erzeugt wird, darunter auch solche mit Massen, die größer sind als die Protonenmasse, die Masse der Ausgangsteilchen. Die Stoßenergie wird nach Einsteins berühmtem Gesetz von der Gleichheit von Energie und Masse in materielle Teilchen umgewandelt. (Die Formel $E = mc^2$ bedeutet, dass eine Masse m in eine Energie mc^2 umgewandelt werden kann, und umgekehrt eine Energie E einer Masse E/c^2 entspricht. Dabei ist c die Lichtgeschwindigkeit.)

Demnach werden die am Stoß beteiligten Protonen keineswegs in noch kleinere Einheiten zerspalten, sondern es entsteht eine ganze Anzahl von Teilchen mit Massen unterschiedlicher Größe (Farbabb. 12, Abb. 17). Dies könnte den Abschluss der Zerlegbarkeit bedeuten, aber es könnte auch sein, dass die Energien noch nicht erreicht worden sind, die zu einer weiteren Aufspaltung führen würden. Letztlich müssen weitere Experimente über diese Frage entscheiden.

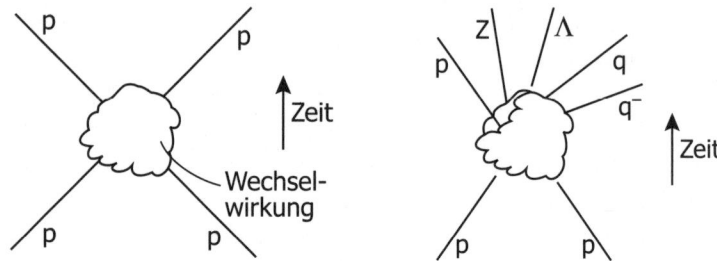

Abbildung 17 Beim Stoß zweier Protonen können, wie hier im Diagramm schematisch gezeigt, aus dem Wechselwirkungsbereich entweder wieder zwei Protonen oder eine Vielzahl neuer Teilchen kommen.

Allerdings gelten nach dem heutigen theoretischen Verständnis nicht mehr die Elementarteilchen, sondern die zugehörigen Felder als fundamentale Objekte. Die flüchtigen und wandelbaren materiellen Teilchen werden als Anregungszustände der Felder betrachtet. Auf diese schwierige Vorstellung werden wir noch eingehen.

Im Augenblick scheint es so, als könne ein sogenanntes Standardmodell mit einer geringen Zahl von elementaren Teilchen die Experimente recht gut erklären. Dieses Standardmodell wollen wir im Folgenden etwas genauer betrachten. Es hat Bedeutung auch für uns selbst, denn es beschreibt die materielle Grundlage der Elemente, also der Atome, und damit eigentlich die Basis unserer eigenen Existenz.

Zunächst einmal ist es sicher nicht verkehrt, sich etwas mit den Größenverhältnissen zu befassen. Ein Atom hat einen Durchmesser von 10^{-8} cm, das heißt einem zehnmilliardstel Meter. Derart kleine Dimensionen entziehen sich dem normalen Vorstellungsvermögen, doch können wir versuchen, uns durch ein Gedankenexperiment damit etwas vertrauter zu werden. Stellen wir uns vor, wir hätten ein Blatt Papier im Format Din-A4, das wir beliebig oft falten könnten. Wenn wir es einmal falten, ist es nur noch halb so groß, also, sagen wir, von 20 cm auf 10 cm verkleinert. Nach fünfmaligem Falten ist es kleiner als 1 cm, und nach 25 Faltungen hat unser Blatt nur noch die Größe eines Atoms. Wenn wir immer weiter falten, sind wir übrigens nach 108 Faltungen bei der

Dimension der Planck-Länge angelangt, der fundamentalen Längeneinheit von 10^{-33} cm, in deren Bereich die Quantengravitation gelten sollte.

Zehn Atome aneinander gelegt ergeben eine Strecke von einem Nanometer (10^{-9} m). Das kann man mit bloßem Auge nicht sehen, aber mit dem Rastertunnelmikroskop lassen sich Strukturen auf dieser Skala sichtbar machen. Die »Nanophysiker« hantieren mit Gebilden von dieser Größe und stellen kleine Röhren und Kügelchen her, beziehungsweise lassen sie entstehen, indem sie die Selbstorganisation der Ansammlungen von einigen Atomen anregen.

Fast alles im Atom aber ist leerer Raum. Seine Größe erreicht das Atom nur durch seine Hülle aus Elektronen. Der Atomkern aus Protonen und Neutronen dagegen, der die Masse trägt, hat eine Ausdehnung von lediglich einem Hunderttausendstel (10^{-13} cm) des Atomdurchmessers. In diesem winzigen Volumen liegen die Kernteilchen, Protonen und Neutronen, dicht gepackt. Zwischen ihnen wirkt eine anziehende Kraft, die sogar die elektrische Abstoßung zwischen den Protonen, von denen jedes eine positive Elementarladung trägt, überwinden kann. Diese sogenannte »starke Wechselwirkung« ist allerdings nicht stark genug, um zwei Protonen in einem Kern zu binden. In diesem Fall überwiegt noch die elektrische Abstoßung. Schon der Atomkern des Deuteriums aber, bestehend aus einem Neutron und einem Proton, ist ein stabiler Bildungszustand der starken Wechselwirkung. Für die Entwicklung des Kosmos ist es sehr günstig, dass der Doppel-Proton-Kern nicht existieren kann, denn andernfalls wäre aller Wasserstoff im frühen Universum zu Gebilden mit zwei Protonen im Kern verarbeitet worden und es hätte weder die Bildung von Sternen noch die Produktion schwerer Elemente stattgefunden. Protonen besitzen eine positive elektrische Ladung, Neutronen sind elektrisch neutral. Jedes dieser Kernteilchen ist etwa 2000-mal so schwer wie ein Elektron. Das Wasserstoffatom besteht aus einem Proton im Kern und einem Elektron in der Atomhülle, das Heliumatom hat zwei Protonen und zwei Neutronen im Kern und zwei Elektronen in der Hülle.

Die Erforschung der subatomaren Strukturen verläuft im Prinzip auf sehr direktem und einfachem Wege durch den Zusammenstoß einer Probe mit Teilchen möglichst hoher Energie. Schon in den ersten Jahrzehnten des vorigen Jahrhunderts zeigte der neuseeländische Physiker Ernest Rutherford durch den Beschuss von Goldatomen mit Heliumkernen, dass die Atome aus Kern und Hülle bestehen. Durch Stoßexperimente fanden die Elementarteilchenphysiker in den letzten Jahrzehnten heraus, dass Protonen und Neutronen eine innere Struktur besitzen, die durch jeweils drei punktförmige Massenkonzentrationen, die »Quarks« gebildet wird. Die Quarks, wie auch die Elektronen, haben sich in allen Experimenten bis heute wie punktförmige Teilchen ohne innere Struktur verhalten. Daraus lässt sich schließen, dass diese Teilchen kleiner als 10^{-16} cm sein müssen. Die Elementarteilchenphysik spielt sich also auf Dimensionen von 10^{-13} cm und darunter ab. Um solche Skalen in Stoß- und Streuexperimenten zu erproben, muss man hohe Energien aufwenden.

Man kann kleine Dimensionen erreichen, wenn der Anfangsimpuls des streuenden Teilchens genügend groß ist. Derartig hohe Energien werden in Beschleunigern erzielt, die zu den teuersten Instrumenten und zu den bemerkenswerten technologischen Leistungen unserer Zeit gehören. Diese Vorrichtungen beschleunigen die Teilchen in sehr starken elektrischen Feldern und führen sie mit raffinierten Magnetfeldanordnungen auf genau bestimmten kreisförmigen Bahnen. (Der Beschleunigungsmechanismus legt eine bequeme Maßeinheit von Masse und Energie nahe, das Elektronenvolt (eV). Ein Elektronenvolt ist die Energie, die ein Elektron oder Proton gewinnt, wenn es durch ein elektrisches Potential mit der Gesamtspannung 1 Volt läuft. Üblicherweise kommen in der Elementarteilchenphysik auch Einheiten wie 1 GeV = 10^9 eV, oder 1 TeV = 10^{12} eV, vor.

Wegen der relativistischen Formel $E = mc^2$ werden auch die Massen der Elementarteilchen häufig nicht in Gramm, sondern in den äquivalenten Energieeinheiten angegeben. Die Masse eines Protons ist etwa 1 GeV in Energieeinheiten. Das schwerste bekannte Teilchen ist das Z^0 mit einer Masse, die der Energie von etwa 100 GeV ~ 0.1 Te V entspricht.)

Reaktionen zwischen Elementarteilchen

In den großen Beschleunigern werden Zusammenstöße zwischen verschiedenen Teilchen studiert. Mögliche Stoßprozesse zwischen zwei Protonen sind in Farbabbildung 12 und Abbildung 17 dargestellt. Zwei Protonen kollidieren und bilden ein Gebiet mit hoher Konzentration von Masse und Energie. Dieses Konzentrationsgebiet ist instabil und kann auf viele Arten wieder in Teilchen zerfallen. In Abbildung 17 sind zwei der vielen Möglichkeiten gezeigt: Die Endprodukte können wieder zwei Protonen oder auch eine große Zahl anderer schwerer Teilchen sein.

Häufig wissen wir genug über die grundlegenden Wechselwirkungen, um das wolkige Energiekonzentrationsgebiet genauer zu zergliedern. So lässt sich zum Beispiel die elektromagnetische Reaktion, bei der ein Elektron (e^-) und ein Positron (e^+ – das Antiteilchen des Elektrons mit gleicher Masse und mit positiver Ladung) kollidieren und ein negativ geladenes μ – Meson (μ^-; ein Elementarteilchen sehr ähnlich zum Elektron, nur mit größerer Masse) und dessen positiv geladenes Antiteilchen μ^+ erzeugen, wie in Abbildung 18 interpretieren.

Durch den Zusammenstoß werden Elektron und Positron in einen Zwischenzustand mit sehr hoher Energie umgewandelt, der rasch wieder in μ^- und μ^+ zerfällt. Der Zwischenzustand hat die Eigenschaften eines Photons, aber nicht die Masse null. Man spricht deshalb von einem »virtuellen Photon«, das real nicht existiert, aber in der Berechnung der Stoßprozesse als Überbringer oder »Botenteilchen« der Wechselwirkung zwischen e^+, e^- und μ^+, μ^- erscheint. Genauso gut könnte das Photon auch ein Quark und ein Antiquark oder ein anderes Elektron-Positron-Paar erzeugen.

Als Beispiel für einen anderen Prozess ist in Abbildung 19 die Streuung von e^- und μ^+ gezeigt. Die Richtungsablenkung wird

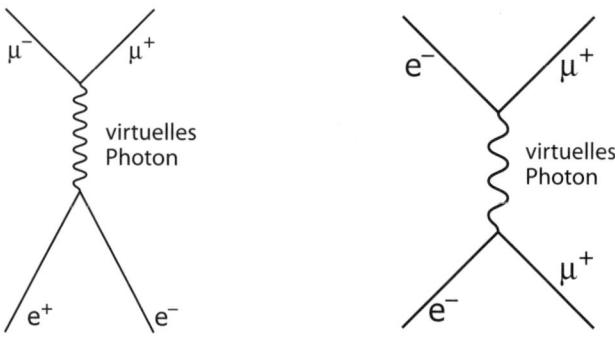

Abbildung 18 [links] Die schematische Darstellung des Stoßes von Elektron und Positron zeigt den Prozess, bei dem die beiden Teilchen in μ-Mesonen übergehen.
Abbildung 19 [rechts] Ein virtuelles Photon übermittelt die Wechselwirkung von Elektron und μ-Meson.

durch ein virtuelles Photon vermittelt, das Energie und Impuls vom Elektron zum Myon trägt.

Diese Diagramme geben nicht nur eine bildliche Darstellung der Prozesse, sie definieren auch genaue Regeln zur Berechnung dieser Reaktionen. Erfunden wurden sie von dem amerikanischen Physiker Richard Feynman, nach dem sie auch benannt worden sind (»Feynman-Diagramme«).

Fast alle Elementarteilchen sind instabil, das heißt, sie zerfallen innnerhalb kurzer Zeit (zwischen 10^{-22} und 10^{-6} Sekunden) in Teilchen mit kleinerer Masse. Nur wenige stabile Teilchen sind bekannt, wie etwa die Neutrinos, das Elektron oder das Proton. In manchen Theorien wird sogar das Proton als instabil betrachtet, obwohl es natürlich eine lange Lebensdauer haben muss, denn es ist ja einer der Grundbausteine unserer Welt.

Quantenfeldtheorie

Die Beschreibung für die Vorgänge, in denen Teilchen entstehen oder unter großem Energieausstoß zerstrahlen, enthält als fundamentale Größe das »quantisierte Feld«.

Elektrische oder magnetische Felder sind uns aus dem Alltag vertraut; wir benützen sie, ohne ihre doch recht bemerkenswerten und ungewöhnlichen Eigenschaften groß zu beachten. Seit Michael Faraday die »Feldlinien« eines Magneten mit Eisenfeilspänen sichtbar machte, stellen wir uns Felder so vor: Gedachte Linien, die eine elektrische Ladung oder einen Magneten umgeben, durchziehen den Raum und geben an, wie elektrische oder magnetische Kräfte wirken. Zeitlich veränderliche elektromagnetische Felder breiten sich mit Lichtgeschwindigkeit im Raum aus – Radiowellen, Lichtwellen –, sie können zur Sendung und zum Empfang von Signalen verwendet werden und brauchen zu ihrer Ausbreitung kein materielles Medium, wie etwa Wellen im Wasser.

Auch den leeren Raum durchqueren elektromagnetische Felder und deshalb muss auch ihnen, wie materiellen Teilchen, eine Existenz als reales Objekt zuerkannt werden.

In der Elementarteilchenphysik hat man nun diesen Feldbegriff erweitert und die Elementarteilchen durch »Felder« charakterisiert, wobei das Feld bestimmten Quantisierungsvorschriften und Bewegungsgleichungen unterliegt. Im Gegensatz zum klassischen Feld stellt es aber kein reales, beobachtbares Objekt dar, sondern wird zunächst einmal als mathematisches Hilfsmittel zur Beschreibung möglicher Teilchenzustände aufgefasst.

Beobachtbare Eigenschaften entfalten Quantenfelder erst in ihrer Wirkung auf bestimmte Zustände. Kein Zweifel kann daran bestehen, dass dieses Konzept, für den Fall des elektromagnetischen Feldes beispielsweise, ein voller Erfolg war, denn die Quantenelektrodynamik gestattet Berechnungen von außerordentlicher Präzision, und die Resultate – wie etwa für das anomale magnetische Moment des Elektrons – stimmen auf geradezu phantastische Weise mit den experimentellen Ergebnissen überein. Die Quanten des elektromagnetischen Feldes sind die Photonen, die Lichtteilchen, deren Existenz durch Experimente wie den photokinetischen Effekt nachgewiesen worden ist.

Prozesse der Erzeugung und Vernichtung von Teilchen lassen sich mit diesem mathematischen Formalismus des Quantenfeldes beschreiben. Dabei wird als grundlegendes Element die Existenz eines Zustands ohne Teilchen, des Vakuums, postuliert. Das Vakuum ist auch im Allgemeinen der Zustand niedrigster Energie des Feldes.

In vielen Zuständen besitzt das Feld Teilchencharakter. Es gibt aber auch Konfigurationen, die zwar sämtliche Quantenzahlen wie Masse, Ladung, Spin des entsprechenden Teilchens aufweisen, jedoch nicht als reale Teilchen gelten können, da sie nicht die Beziehung $E = \sqrt{k^2 + m^2}$ zwischen Energie E, Masse m und Impuls k erfüllen, die ein wirklich existierendes Teilchen besitzen muss. Die Physiker sprechen etwas verkürzend von »virtuellen« Teilchen, wenn sie derartige Zustände beschreiben. So wird die Kraftwirkung zwischen Teilchen häufig als Austausch bestimmter virtueller Teilchen dargestellt. Das Vakuum einer Quantenfeldtheorie, der Zustand ohne Teilchen, wird in dieser Beschreibung zu einem stark strukturierten Medium, angefüllt mit virtuellen Teilchen.

Durch die Wirkung elektrischer Ladungen wird das Vakuum »polarisiert«, das heißt, die virtuellen Teilchen ordnen sich so an, dass die beobachtete elektrische Ladung etwas abgeschwächt wird. Kleine Verschiebungen in den atomaren Energieniveaus des Wasserstoffs (die sogenannte »Lamb-Shift«) stammen von diesem Effekt. Sie wurden auch als Feinstruktur im Linienspektrum des Atoms beobachtet. Die theoretische Konstruktion von Quantenfeld und Vakuum hat also durchaus Bezug zur Wirklichkeit.

In einem Zustand mit sehr vielen Teilchen wandelt sich das Quantenfeld zum klassischen Feld; so entspricht etwa das klassische elektromagnetische Feld einem Zustand mit großer Photonenzahl.

Die fundamentalen Kräfte

Nach dem heutigen Verständnis bestimmen vier Wechselwirkungen das Erscheinungsbild der Materie: elektromagnetische, starke und schwache Wechselwirkung sowie Gravitation. Diese

Wechselwirkungen erscheinen in einer bemerkenswerten hierarchischen Gliederung: Die Größe der Atome, z. B. des Wasserstoffatoms von etwa 10^{-8} cm, wird bestimmt durch die elektromagnetische Wechselwirkung zwischen den positiv geladenen Protonen im Atomkern und den negativ geladenen Elektronen in der Hülle. Diese Größenbestimmung ist universell, das heißt alle Wasserstoffatome sind im stabilsten Zustand gleich groß. Die Nukleonen im Atomkern werden in ihrer Ausdehnung durch die starke Wechselwirkung bestimmt, die zwischen ihren fundamentalen Bausteinen, den Quarks, herrscht. Sie legt den Radius der Nukleonen auf 10^{-13} cm fest. Auf der Skala der Atomkerne spielt die elektromagnetische Wechselwirkung nur eine unwesentliche Rolle, während umgekehrt die starke Wechselwirkung nur auf der Skala des Atomkerns und auf kleineren Skalen wirksam ist und für die Struktur des Atoms keine Bedeutung hat. Die schwache Wechselwirkung erscheint nur als Korrektur zu diesen Kräften in Prozessen wie radioaktiven Zerfällen und allen Reaktionen, an denen Neutrinos beteiligt sind.

Bis zur Dimension makroskopischer fester Körper bestimmen diese Wechselwirkungen und die aus ihnen abgeleiteten Kräfte die Strukturen. In diesen Größenbereichen ist die Gravitation unmerklich schwach. Obwohl sich das Proton und das Elektron im Wasserstoffatom auch gravitativ gegenseitig anziehen, ist doch diese Kraft um den winzigen Faktor 10^{-39} schwächer als die elektromagnetische Kraft. Aber die Gravitation wirkt zwischen allen Teilchen als Anziehungskraft und nimmt mit dem Abstand nur langsam ab, während starke und schwache Wechselwirkungen auf Kerndimensionen beschränkt sind. Die elektromagnetische Kraft wird im Mittel abgeschirmt, da elektrische Ladungen verschiedenen Vorzeichens einander anziehen, während gleichartige Ladungen einander abstoßen. Elektrische Ladungen umgeben sich also immer mit entgegengesetzt geladenen Partnern, die das eigene Feld annullieren. Deshalb sind makroskopische Körper elektrisch neutral, und daher wird schließlich die Struktur und Bewegung der Himmelskörper und des Universums durch die im Laboratorium vernachlässigbar kleine Gravitation bewirkt.

In den letzten Jahrzehnten haben die Elementarteilchentheoretiker gewisse Erfolge bei dem Versuch erzielt, diese Hierarchie der Wechselwirkungen zu verstehen. Besonders erfolgreich, auch experimentell, war der Ansatz, die schwache und die elektromagnetische Wechselwirkung aus *einer* gemeinsamen Ursache abzuleiten. Diesen Ideen zufolge soll die Verschiedenheit der Kräfte, die wir beobachten, bei genügend hohen Energien, das heißt kleinen Abständen, verschwinden. Elektromagnetische und schwache Wechselwirkung sollen oberhalb dieser Vereinheitlichungsenergie miteinander verschmelzen und gemeinsam die Strukturen bestimmen. Die Existenz von Botenteilchen, die als Überträger dieser »elektroschwachen Kraft« agieren, kann aus dem theoretischen Ansatz vorhergesagt werden. Tatsächlich wurden die realen Elementarteilchen, die diesen Botenteilchen entsprechen, 1983 in einem Experiment am europäischen Kernforschungszentrum CERN bei Genf entdeckt. Diese sogenannten *W*- und *Z*-Teilchen wiesen genau die erwarteten Massen auf (83 GeV, also 83fache Protonmasse für das W, 94 GeV für das Z). Der experimentelle Nachweis erhöhte natürlich das Zutrauen zu derartigen Beschreibungsversuchen.

In einem analogen Schema wurde die starke Wechselwirkung mit einbezogen, und schließlich wurde und wird versucht, auch die Gravitation als eine Wechselwirkung zu verstehen, die bei extrem hohen Energien gleichberechtigt neben den anderen Wechselwirkungen erscheint. Trotz ihren über 50-jährigen vielfältigen Bemühungen ist es den Wissenschaftlern aber nicht gelungen, eine Theorie aufzustellen, die sowohl die von der Quantentheorie erfassten Eigenschaften der Materie als auch die Erklärung der Gravitation durch die Einsteinsche Theorie widerspruchsfrei enthält. Das Problem einer Verknüpfung der Einsteinschen Gravitationstheorie mit der Quantentheorie ist wohl das größte Hindernis auf dem Weg zu einer einheitlichen Theorie aller bekannten Wechselwirkungen.

Elementarteilchen

Alle Beobachtungen in der Elementarteilchenphysik können auf der Basis der vier fundamentalen Kräfte und einer kleinen Zahl elementarer Teilchen, die sich in drei Klassen einteilen lassen, interpretiert werden.

Die kraftübertragenden Teilchen

Kräfte zwischen den Elementarteilchen können als Austausch virtueller Teilchen verstanden werden. Reale Elementarteilchen, die diesen Austauschzuständen entsprechen, sind in einigen Fällen bereits experimentell identifiziert worden, wie etwa bei der elektromagnetischen Wechselwirkung, die durch virtuelle Photonen übertragen wird. Die schwache Wechselwirkung wird von virtuellen W^+-, W^--, Z^0-Teilchen vermittelt (W^+ hat eine positive Elementarladung, W^- eine negative, Z^0 ist elektrisch neutral). Kräfte zwischen den Quarks werden durch masselose Teilchen, die sogenannten Gluonen, übertragen; diese sind experimentell nicht direkt nachgewiesen. Auch der Gravitation schreibt man ein hypothetisches Überträgerteilchen zu, das »Graviton«, doch ist diese Vorstellung noch kein klar definiertes Konzept, da eine Quantentheorie der nichtlinearen Gravitation noch nicht gefunden wurde. Wegen der Schwäche der Wechselwirkung ist eine Entdeckung des Gravitons außerordentlich unwahrscheinlich.

Die Leptonen

Leptonen sind leichte Teilchen wie das Elektron. Sie unterliegen der Gravitation, der elektromagnetischen und der schwachen Wechselwirkung, werden aber von den Kernkräften nicht beeinflusst. Nach dem derzeitigen Verständnis gibt es sechs Leptonen, die man in drei Paaren zu je einem geladenen und einem ungeladenen Teilchen zusammenfasst. Soweit wir wissen, ist die Gesamtzahl der Leptonen in allen Prozessen im Endzustand gleich der Leptonenzahl im Anfangszustand, das heißt, es gilt ein Erhaltungssatz für die Anzahl der an einer Reaktion beteiligten Leptonen. In Tabelle 1 sind die sechs bekannten Leptonen aufgeführt.

Tabelle 1 Die Leptonen

Teilchen	Ladung (in Einheiten e)	Masse (mc^2)	Lebens- dauer	Bose (B) Fermi(F)
Elektron (e)	-1	0,51 MeV	stabil	F
Elektron-Neutrino (v_e)	0	($\leq$) 17 eV	stabil	F
Muon (μ)	-1	105,7 MeV	$2{,}2 \times 10^{-6}$s	F
Muon-Neutrino (v_μ)	0	0,27 MeV	stabil	F
Tau-Lepton (τ)	-1	1785 MeV	3×10^{-13}s	F
Tau-Neutrino (v_τ)	0	< 35 MeV		F

Elementarteilchen wie die Leptonen in Tabelle 1 werden durch bestimmte unveränderliche Eigenschaften charakterisiert wie zum Beispiel Masse und elektrische Ladung. Eine wichtige Eigenschaft der Leptonen ist ihr Eigendrehimpuls, der »Spin«. Wir können uns diesen wie die stets vorhandene Eigendrehung einer kleinen Kugel durchaus veranschaulichen, müssen dabei aber einige Besonderheiten berücksichtigen. Während ein makroskopischer Körper jede beliebige Eigenrotation ausführen kann, ist der Spin quantisiert, das heißt es gibt nur halbzahlige oder ganzzahlige Vielfache einer Grundeinheit (der Planckschen Konstanten: $\hbar$). Teilchen mit Spin 0, 1, 2 werden Bosonen genannt, Teilchen mit Spin $\frac{1}{2}, \frac{3}{2} \dots$ Fermionen. Während ein normaler Körper, wie auch ein Boson, nach einer Drehung um 360° wieder in der ursprünglichen Konfiguration erscheint, sind die Spin-$\frac{1}{2}$-Teilchen – zu denen Quarks und Elektronen zählen – nach einer Rotation um 360° in einem anderen quantenmechanischen Zustand. Die Rückkehr zur Anfangskonfiguration erfolgt erst nach einer Drehung um 720°. Fermionen unterscheiden sich von Bosonen auch durch ihre statistischen Eigenschaften. Fermionen gehorchen dem Pauli-Ausschließungsprinzip, das besagt, dass zwei Teilchen nicht denselben Quantenzustand besetzen können. Dies führt zum Aufbauprinzip der Elektronenschalen und dem periodischen System der Elemente in der Chemie. Das Ausschließungsprinzip kennen wir auch vom Theater: Jede Person braucht einen Sitzplatz, und wenn die besten Plätze besetzt sind, muss man einen schlechteren nehmen. Fermionen wie Proton, Neutron und Elektron sind die Bausteine, die wegen dieser statischen Eigenschaften die Stabilität unserer Welt garantieren. Für ein System aus Fermionen in einem endlichen Volumen gibt es eine Schwelle für die Energie, die nicht unterschritten wird. Deshalb unterbleibt der Sturz ins Bodenlose zu immer tieferen Energieniveaus, und die Welt hat Bestand. Für Bosonen gibt es diese Einschränkung nicht.

In Tabelle 1 sind auch Leptonen aufgeführt, die nicht am Aufbau der normalen Materie beteiligt sind, nämlich die Neutrinos. Zu deren Entdeckung gibt es eine hübsche Geschichte aus dem vorigen Jahrhundert:

Bei der Messung des sogenannten Beta-Zerfalls, das heißt der Reaktion, bei der sich ein Element unter Aussendung eines Elektrons umwandelt, entdeckte man, dass Energie- und Impulserhaltung verletzt waren. Sollten diese fundamentalen Gesetze in diesem Fall nicht gelten? Der Schweizer Physiker und Nobelpreisträger Wolfgang Pauli schlug vor, ein neues, im Experiment nicht registrierbares Teilchen könne die Impulsbilanz ausgleichen. In einem Brief an die Kollegen, der mit »Dear radioactive Ladies and Gentlemen« begann, schlug er vor, diesem Teilchen den Namen Neutrino zu geben. Dieses Teilchen sollte keine elektrische Ladung tragen, höchstens eine winzige Masse besitzen und nur sehr schwach mit anderen in Wechselwirkung treten. Pauli meinte dann noch, er gehe jede Wette ein, dass ein solches Teilchen niemals gefunden würde. Heute jedoch gibt es viele Experimente, an denen Neutrinos beteiligt sind, und es ist den Physikern auch gelungen, ganz detailliert den Strom von Neutrinos zu messen, die von der Sonne ausgesandt werden. Unabhängig davon hätte Wolfgang Pauli diese Wette natürlich niemals gewinnen können.

Die Quarks

Einzelne, freie Quarks wurden bis jetzt nicht gefunden, doch sind die Physiker davon überzeugt, dass sie stets in komplexeren zusammengesetzten Teilchen wie den Protonen eingeschlossen sind.

Ihre Existenz ist deshalb auch nur indirekt durch die Streuung von Elektronen an Nukleonen erschlossen worden. Sechs verschiedene Quarks konnten auf diese Weise identifiziert werden. Wie die Leptonen lassen sich die Quarks zu Paaren zusammenfassen. »up« – (u) – und »down« – (d) – Quark kann man mit (e^-) und v_e zu einer »Fermionenfamilie« verbinden. Aus dem Zerfall des Z°-Teilchens weiß man, dass es nur drei solcher Familien gibt. Die Leptonen μ^- und v_μ gehören zu »charm (c)« – und »strange (s)«-Quark, τ^- und v_τ zu »bottom (b)« und »top (t)«. Jedes Quark kommt noch in drei verschieden Arten vor, die sich durch eine Quantenzahl unterscheiden, die »Farbladung« genannt wird. Es gibt also drei d-, drei u-Quarks etc. Die Quarks tragen elektrische Ladungen von $\frac{2}{3}e$ oder $\frac{1}{3}e$. In Tabelle 2 sind einige Fakten über die Quarks zusammengefasst.

Tabelle 2 Die Quarks

Teilchen	Ladung	Masse	Bose/Fermi
up (u)	$+\frac{2}{3}$	~0.005 GeV	F
down (d)	$-\frac{1}{3}$	~0.01 GeV	F
charm (c)	$+\frac{2}{3}$	~1.5 GeV	F
strange (s)	$-\frac{1}{3}$	~0.2 GeV	F
top (t)	$+\frac{2}{3}$	~180 GeV	F
bottom (b)	$-\frac{1}{3}$	~4 GeV	F

Zu jeder Reaktion zwischen Elementarteilchen gibt es die entsprechende Reaktion, bei der die Ladung aller Teilchen das umgekehrte Vorzeichen erhält und eine Spiegelung an einem Raumpunkt durchgeführt wird. Diese kurz als CP bezeichnete Kombination der beiden Transformationen führt Teilchen in Antiteilchen über. Durch diese CP-Transformation werden auch die Farbladungen der Quarks in die Antifarbladungen übergeführt. Zu jedem Elementarteilchen kann man so das entsprechende Antiteilchen angeben. Die subnuklearen Teilchen, die aus Quarks und Antiquarks zusammengesetzt sind, werden als Hadronen bezeichnet. In Tabelle 3 sind einige Hadronen mit ihren wichtigsten Eigenschaften angegeben. Antiteilchen sind mit einem Querstrich gekennzeichnet, $\bar{u}$ beispielsweise steht als Bezeichnung für das Anti-up-Quark.

Tabelle 3 Die Hadronen

Name	Masse (GeV)	Lebensdauer	Bestandteile
Proton (p)	0,938	stabil	uud
Antiproton ($\bar{\text{p}}$)	0,938	stabil	$\bar{u}ud$
Neutron (n)	0,940	880 s	udd
Pi-Meson (π^+)	0,140	$2{,}6 \cdot 10^{-8}$ s	$u\bar{d}$
K-Meson (K^+)	0,494	$1{,}24 \cdot 10^{-8}$ s	$u\bar{s}$
J oder Psi: ($J\psi$)	3,097	$\Gamma = (68 \pm 10)$ KeV	$c\bar{c}$
Ypsilon (Y)	9,460	$\Gamma = (52 \pm 2)$ KeV	$b\bar{b}$

Γ: Halbwertsbreite der Resonanz

Symmetrien und Erhaltungsätze

Elementarteilchen verändern sich in Stoßprozessen und Zerfällen. Um Ordnung in diese wechselvolle Welt der Elementarteilchen zu bringen, suchen die Physiker nach Eigenschaften der Materie, die sich nicht ändern. Ein einfaches Beispiel einer unveränderlichen Größe ist die Gesamtenergie aller an einem Stoßprozess beteiligten Partner. Falls die Massen ebenfalls als Teil der Gesamtenergie mitgerechnet werden, gemäß $E = mc^2$, dann bleibt die Gesamtenergie erhalten, gleichgültig, wie die Reaktion abläuft. Ein anderes Beispiel für einen Erhaltungssatz ist die Unveränderlichkeit der elektrischen Ladung in Wechselwirkungsprozessen zwischen Elementarteilchen.

Die experimentelle Tatsache, dass einzelne Leptonen oder Baryonen (die schweren Teilchen wie Proton oder Neutron, die an der starken Wechselwirkung teilhaben) weder erzeugt noch vernichtet werden, sondern nur Paare von Teilchen und Antiteilchen, führt man auf einen Erhaltungssatz der Baryonenzahl und der Leptonenzahl zurück. Diesen Erhaltungssätzen verleiht man durch die Einführung zusätzlicher Quantenzahlen Ausdruck: Eine Leptonzahl $L = +1$ wird jedem Lepton zugeordnet, eine negative Quantenzahl $L = -1$ jedem Antilepton. Nichtleptonen erhalten $L = 0$. Die gesamte Leptonenzahl in jedem Prozess wird durch Addition der Leptonenzahlen aller beteiligten Teilchen bestimmt. Diese Gesamtzahl ändert sich nicht; auch wenn ein Lepton-Antilepton-Paar erzeugt wird, bleibt L gleich, da die Änderung insgesamt ja $(+1) + (-1) = 0$ beträgt. Entsprechend schreibt man den Baryonen eine Baryonenzahl $B = +1$ und den Antibaryonen $B = -1$ zu. Leptonen haben die Baryonenzahl $B = 0$ und Quarks $B = \frac{1}{3}$. Die kraftübertragenden Teilchen wie Photon (γ), Z° haben $B = 0$, $L = 0$; für sie gibt es keinen Erhaltungssatz, das heißt einzelne dieser Teilchen können ohne weiteres in Reaktionen erzeugt oder vernichtet werden.

Neben den Erhaltungssätzen erscheinen Regularität und unveränderliche Eigenschaften besonders deutlich in verschiedenen Symmetrieprinzipien. Wie die Symmetrieeigenschaften von Mustern oder makroskopischen Körpern kann man auch die Symmetrien der Elementarteilchen als Invarianz der Konfiguration gegenüber bestimmten Veränderungen interpretieren. Drehungen im Raum oder Verschiebungen im Raum oder in der Zeit um eine bestimmte Strecke sind einfachste Beispiele derartiger Symmetrien.

Die Invarianz der Theorie unter Zeitverschiebungen bedeutet, dass nur Zeitintervalle Bedeutung haben, nicht aber absolute Zeiten. Unmittelbare Konsequenz dieser Symmetrie ist die Erhaltung der Gesamtenergie aller Reaktionspartner. Spin-1/2-Teilchen weisen eine Drehsymmetrie auf; bei Drehungen um 720° wird der identische Zustand erreicht, eine Eigenschaft, für die es bei makroskopischen Körpern keine Entsprechung gibt.

Neben diesen kontinuierlichen Transformationen gibt es Symmetrien gegenüber diskreten oder nichtkontinuierlichen Transformationen. Sehr vertraut aus der Alltagserfahrung ist die Rechts-Links-Vertauschung oder Spiegel-Symmetrie, die viele Objekte in unserer Umgebung zeigen. Ein rotierender Körper erscheint gespiegelt ebenfalls rotierend, aber im entgegengesetzten Drehsinn. Bei Neutrinos bewirkt diese Spiegelung auch den Übergang zum

Antiteilchen. Der Zerfallsprozess der K^0-Mesonen ist die einzige bekannte Reaktion, die nicht die CP-Symmetrie aufweist. Es ist eine fundamentale Erkenntnis, dass eine allgemeine Invarianz unter der Kombination aus CP und der Zeitumkehr T besteht, das heißt zu jedem Prozess gibt es den entsprechenden Prozess, der rückwärts in der Zeit abläuft und in dem Teilchen und Antiteilchen vertauscht sind – mit den gleichen physikalischen Resultaten. Da fast alle Prozesse die CP-Invarianz aufweisen, ist also auch die Welt der Elementarteilchen invariant gegenüber der Zeitumkehr T, mit Ausnahme der Zerfälle einiger neutraler Mesonen, eben der K^0-Mesonen.

Vereinheitlichung der Wechselwirkungen

Elektrizität und Magnetismus, wie sie beispielsweise in einer Funkenentladung oder in der Ausrichtung einer Kompassnadel sichtbar werden, sind scheinbar völlig verschiedene Phänomene. Schon im 19. Jahrhundert führten Michael Faraday und seine Nachfolger aber eine Reihe raffinierter Experimente durch, aus denen klar wurde, dass sich hier nur zwei verschiedene Seiten derselben zugrunde liegenden Wechselwirkung zeigen. James Maxwell stützte sich auf diese Experimente, als er im Jahre 1862 eine einheitliche Theorie des Elektromagnetismus formulierte.

Die Ausbreitung von Licht- und Radiowellen, wie auch die Wirkung elektromagnetischer Felder auf Materie wird in dieser Theorie durch einfache Gleichungen beschrieben. Maxwells Theorie ist auch der Ausgangspunkt für die Quantentheorie der Elektrodynamik, die sogenannte Quantenelektrodynamik (QED), die gegenwärtig erfolgreichste physikalische Theorie. Sie hat Berechnungen von außerordentlicher Genauigkeit erlaubt. Deshalb wurde auch immer wieder versucht, für andere Wechselwirkungen Theorien nach dem Muster der QED aufzustellen.

Für die schwache und die starke Wechselwirkung waren diese Versuche erfolgreich. Damit ist eine gewisse Vereinheitlichung der Elementarteilchentheorie hin zum sogenannten »Standardmodell« erreicht worden. Einen besonders schönen Erfolg brachte dieses Vorgehen in der Klarstellung der sogenannten »Renormierbarkeit« der fundamentalen Wechselwirkungen. Die Gleichungen von Quantenfeldtheorien wie die der QED können nicht exakt gelöst werden, sondern man muss durch Näherungsmethoden versuchen, die Resultate einzugrenzen. Bei diesen Berechnungen liefert jede Quantentheorie, auch die QED, zunächst divergente Resultate, das heißt unendlich große Zahlen, beispielsweise für die Masse oder die Ladung des Elektrons. Diese physikalischen Größen sind aber auch experimentell bestimmt. Die entsprechenden Divergenzen können also »renormiert« werden, wenn man den endlichen Messwert für die Ladung und die Masse des Elektrons statt der divergenten Terme der Theorie einsetzt. Hierbei machen sich die Physiker den angenehmen Zug der QED zu Nutze, dass nur wenige divergente Quantitäten auf diese Weise ersetzt werden müssen, um eine mathematisch wohldefinierte Näherungstheorie zu finden, die endliche Resultate für alle überhaupt möglichen Prozesse liefert. Die Quantenelektrodynamik ist das Paradebeispiel für eine renormierbare Theorie. Einen Beweis zu führen, dass auch die schwache und starke Wechselwirkung renormierbar sind, erwies sich allerdings lange Zeit als sehr schwierig. In der neuen Formulierung der Theorien nach dem Muster der QED als sogenannte »Eichtheorien« führen die Felder, die auch die Übermittler der Wechselwirkung, die Botenteilchen, als Quanten enthalten, nur zu masselosen Teilchen.

Kurzreichweitige Wechselwirkungen, wie etwa die schwache Wechselwirkung mit einer Reichweite von weniger als 10^{-16} cm, erfordern aber Austauschteilchen mit großer Masse. Also war die Frage zu lösen, wie die in den Eichtheorien der schwachen und starken Wechselwirkung an sich masselosen Felder doch Teilchen mit einer großen Masse beschreiben könnten. Im Prinzip der »spontanen Symmetriebrechung« wurde die Lösung Ende der 1960er-Jahre gefunden.

Spontane Symmetriebrechung

Mehrere theoretische Physiker entwickelten Ende der sechziger Jahre ein Schema, das den Botenteilchen der Wechselwirkung eine Masse zukommen ließ, ohne die grundlegenden Symmetrien der Wechselwirkung zu zerstören. Dabei wurde die Masse der Teilchen nicht explizit als elementare Größe in den Bewegungsgleichungen eingeführt, sondern sie sollte sich »spontan« aus bestimmten Prozessen ergeben. Dazu wurde ein zusätzliches elementares Feld, das sogenannte »Higgs-Feld« (nach Peter Higgs, der als erster ein einfaches Modell dieser Art betrachtete) in die Theorie eingeführt. Im Zustand tiefster Energie (dem Vakuumzustand) soll dieses Higgs-Feld einen von null verschiedenen Wert besitzen. Diese Festsetzung zerstört eine grundlegende Symmetrie der Theorie, denn in einem völlig symmetrischen Vakuumzustand hätte das Higgs-Feld den Wert null. Die verschiedenen Wechselwirkungen des Higgs-Feldes mit den anderen Feldgrößen der Theorie bestimmen die Massen der Teilchen, die alle proportional zu diesem Wert des Feldes im Vakuumzustand sind. Auf Grund der speziellen Zustände, die man mit Hilfe des Vakuumzustandes konstruiert, erhalten die Teilchen Massen, während die Dynamik selbst, das heißt die Bewegungsgleichungen, ungeändert bleiben. Diese sogenanne spontane Symmetriebrechung besteht also darin, dass die Lösungen nicht alle grundlegenden Symmetrien der Theorie aufweisen. Dieser Aspekt lässt sich sehr schön an Analogien in anderen Gebieten der Physik demonstrieren. In Abbildung 8 wurde schon ein einfaches Beispiel aus der klassischen Mechanik dargestellt. Betrachten wir eine Kugel auf der Spitze einer hutförmigen Fläche wie in der Abbildung gezeichnet. In dieser Lage ist der Zustand des Systems offensichtlich stets gleich, wenn man Drehungen um die vertikale Achse durch die Kugel und die Spitze des Hutes ausführt. Die Schwerkraft soll nur in vertikaler Richtung wirken, besitzt also ebenfalls diese Symmetrie unter Rotationen. In dieser Konfiguration weist daher der Zustand des Systems (das heißt die Lage der Kugel) die gleiche Symmetrie auf wie die fundamentalen Kräfte. Dieser Zustand ist jedoch nicht stabil. Eine kleine Auslenkung der Kugel lässt sie abrollen und durch die Reibung irgendwo in der »Hutkrempe« zur Ruhe kommen. Diese neue Konfiguration ist stabil, aber die Drehsymmetrie besteht nicht länger. Obwohl die tatsächliche Lage des Balles auf der Hutkrempe keine spezielle Bedeutung hat, wird durch jeden derartigen Zustand die ursprüngliche Symmetrie gebrochen. Die Gravitation besitzt immer noch die ursprüngliche Rotationssymmetrie, nicht aber der Zustand – eine Situation, die als »spontane Symmetriebrechung« bezeichnet wird. Für die möglichen Zustände verschiedener Energie eines Higgs-Feldes stellt man sich eine analog geformte »hutförmige Fläche« vor (Abb. 20) ($\langle\phi\rangle$ symbolisiert den Wert des Higgs-Feldes in einem bestimmten Zustand). Der Zustand im Maximum entspricht einer invarianten Konfiguration des Systems, kleine Störungen bewirken aber ein Absinken des Feldes in den Zustand mit der tiefsten Energie in der »Hutkrempe«. Ein wesentlicher Aspekt des Higgs-Modells besteht in der Tatsache, dass sich die Form dieser Fläche selbst mit dem Energiebereich, in dem die Wechselwirkungen der Elementarteilchen ablaufen, verändert. Bei sehr hohen Energien wäre dann der symmetrische Zustand $\langle\phi\rangle = 0$ stabil (vgl. Abb. 20), während bei niedrigen Energien der neue stabile Grundzustand

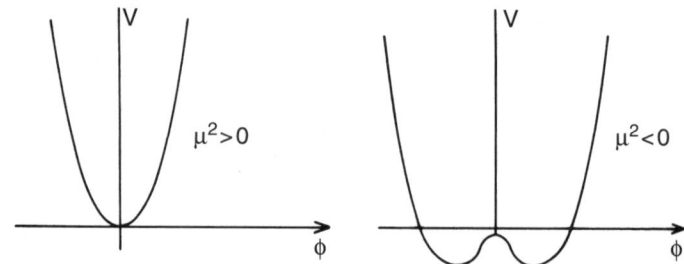

Abbildung 20 Das schematisch dargestellte Potential V des Skalarfeldes ϕ hat für hohe Temperaturen (oder Energien ($\mu^2 > 0$) ein stabiles Minimum bei $\phi = 0$, wie im linken Teil zu sehen. Bei niedrigen Temperaturen ($\mu^2 < 0$)entstehen zwei neue Minima, in denen $\phi \neq 0$ ist. Der Zustand bei $\phi = 0$ wird metastabil, und wenn das Feld ϕ von diesem »falschen« Vakuum in das stabile, »richtige« Vakuum übergeht, wird die für $\phi = 0$ geltende Symmetrie gebrochen (rechter Teil). Der Wert von ϕ im stabilen Vakuum erzeugt für die vorher masselosen Elementarteilchen Massen, die diesem Wert proportional sind.

zugänglich wird. Im frühen Universum könnte auf diese Weise ein Higgs-Feld einen »Phasenübergang« bewirken, bei dem die ursprünglich bei hohen Temperaturen, das heißt hohen Energien, vorhandene Symmetrie wegen der Abkühlung durch die Expansion des Universums zu einer spontan gebrochenen Symmetrie wird. Dies führt zu dem interessanten Konzept für das frühe Universum, dass zunächst alle Elementarteilchen masselos sind. Erst durch Expansion, damit verbundene Abkühlung und die spontane Symmetriebrechung eines Higgs-Feldes entstehen die Massen.

Die elektroschwache Wechselwirkung

Die Theorie der schwachen Wechselwirkung kann ganz analog zur elektromagnetischen Theorie formuliert werden. Ein wesentlicher Unterschied besteht jedoch darin, dass es hier ein reicheres System von Symmetrien gibt. Dies erfordert die Einführung von drei Botenteilchen, die man W^+-, W^-- und Z^0-Boson taufte. $W^\pm$ besitzt die Elementarladung $\pm e$, während Z^0 elektrisch neutral ist. Zunächst sind diese Teilchen masselos, aber durch Einführung eines geeigneten Higgs-Feldes gelang es, den W- und Z-Bosonen eine Masse zu geben. Im Higgs-Schema ergibt sich dann ein Wert für m_w:

$$m_w = 83 \pm 2{,}9\,GeV$$

Ein entsprechender Wert für $m_z = 93{,}8 \pm 2{,}9$ GeV wurde ebenfalls vorhergesagt. Es war ein großartiger Erfolg der elektroschwachen Theorie, dass diese Vorhersagen 1983 am CERN bei Genf in Proton-Antiproton Stoßexperimenten bestätigt wurden. Dabei wurden die Botenteilchen der elektroschwachen Theorie entdeckt (Farbabb. 13), deren Massen mit den theoretisch vorausberechneten glänzend übereinstimmten.

$$m_w = 80{,}6 \pm 0{,}4\,GeV$$

$$m_z = 91{,}16 \pm 0{,}03\,GeV$$

Dieses Resultat, für das C. Rubbia und J. van der Mer 1984 den Nobelpreis erhielten, steigerte natürlich das Zutrauen in die Beschreibung der Wechselwirkung der Elementarteilchen durch das Prinzip der spontanen Symmetriebrechung. Was noch fehlt, ist die Entdeckung des Higgs-Teilchens. Seine Masse ist nicht durch die Theorie festgelegt, und deshalb ist die experimentelle Erfassung schwierig. Das Higgs-Feld wirkt aber in diesen Theorien in fundamentaler Weise mit. Es zeigt den Weg auf, Massen in die Theorie einzuführen, und es bestimmt einen neuen Grundzustand. Zudem wirkt es wie ein auch bei kleinsten Distanzen zugrunde liegendes, alles durchdringendes Medium. Ein wenig erinnert seine Einführung an den Äther, der in der Physik des 19. Jahrhunderts als Medium für die Ausbreitung von Wellen postuliert worden war.

Eine weitere Vorhersage der elektroschwachen Theorie betrifft das Verhalten bei sehr hohen Energien: Wenn die Energien der Reaktionen ansteigen, verringern sich die Unterschiede zwischen der schwachen und der elektromagnetischen Kraft, und bei Energien, die groß sind im Vergleich zur Masse der Z- und W-Teilchen, verschmelzen die beiden Wechselwirkungen zu einer einzigen.

Die starke Wechselwirkung

Ein weiterer vielversprechender Schritt auf dem Weg zu einer einheitlichen Theorie der Elementarteilchen war die Aufstellung einer der Elektrodynamik ähnlichen Theorie für die starke Wechselwirkung, der sogenannten Quantenchromodynamik (QCD). Die Kraft, die Proton und Neutron im Kern bindet, ist sehr kurzreichweitig und erscheint relativ komplex. Dies liegt natürlich daran, dass die Nukleonen selbst keine Elementarteilchen sind, sondern als Bindungszustände von Quarks angesehen werden müssen. Dabei werden die Bindungskräfte von Botenteilchen vermittelt, den sogenannten Gluonen, die zwar die Masse null haben, aber auch ganz besondere Eigenschaften besitzen. Bei kleinen Abständen wird hier die Kraft extrem schwach; die Quarks im Nukleon verhalten sich dann wie freie Teilchen, sie werden

»asymptotisch frei«. Bei Abständen, die der Ausdehnung der Nukleonen entprechen, wird die Wechselwirkung aber immer stärker und hält die einzelnen Quarkbausteine und die Gluonen im Einflussbereich des Nukleons fest. Im Gegensatz zur Eigenschaft der asymptotischen Freiheit konnte aber dieses »Eingesperrtsein« (confinement) der Quarks theoretisch nur in vereinfachten Modellen beschrieben werden. Sehr befriedigend ist natürlich, dass die starke Wechselwirkung durch diese Formulierung ebenfalls wohldefinierte Näherungsrechnungen erlaubt, was die verschiedenen Reaktionen dem theoretischen Studium zugänglich macht. Die Postulierung einer Quarkstruktur für die Hadronen (die Teilchen, die an der starken Wechselwirkung teilnehmen) ist ein sehr erfolgreiches Hilfsmittel zum Verständnis verschiedener Prozesse der starken Wechselwirkung geworden.

In Abbildung 21 sind die Oktett- und Dekuplett-Darstellungen der Baryonen mit ihren Bestandteilen gezeigt. Die elektrische Ladung der Quarks muss $\frac{1}{3}$ oder $\frac{2}{3}$ der Elementarladung e betragen, da die Addition von 3 Quarkladungen beispielsweise 0 für das Neutron und 1 für das Proton ergeben sollte.

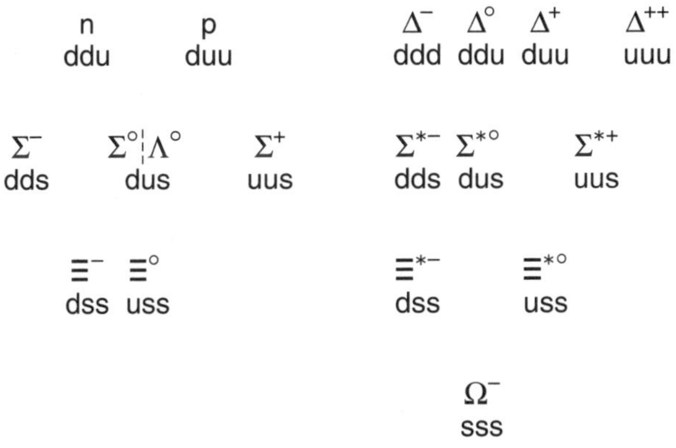

n	p		Δ^-	Δ°	Δ^+	Δ^{++}
ddu	duu		ddd	ddu	duu	uuu

Σ^-	$\Sigma^\circ\!\!\mid\!\!\Lambda^\circ$	Σ^+		Σ^{*-}	$\Sigma^{*\circ}$	Σ^{*+}
dds	dus	uus		dds	dus	uus

Ξ^-	Ξ°		Ξ^{*-}	$\Xi^{*\circ}$
dss	uss		dss	uss

Ω^-
sss

a)   b)

Abbildung 21 Die schweren Elementarteilchen, die »Baryonen«, lassen sich in einem Dekuplett und einem Oktett anordnen.

Das »Standardmodell«

Insgesamt ergibt diese Vereinheitlichung der elektroschwachen und der starken Wechselwirkung eine einheitliche Beschreibung der bekannten Fakten der Elementarteilchenphysik. Neuere Experimente haben noch keine Hinweise auf Strukturen, die über dieses Modell hinausgehen, gefunden. Sie brachten aber durch Messungen der möglichen Zerfallsreaktionen des Z°-Bosons die wichtige Erkenntnis, dass es nicht mehr als drei Familien von Neutrinos gibt, eben nur die bereits bekannten, das Elektron-Neutrino ν_e, das μ-Neutrino ν_μ und das τ-Neutrino. Auch die sechs grundlegenden Arten von Quarks kann man in dieser Familienstruktur anordnen. Damit erhält man für die Fermionen der Theorie das in Tabelle 4 angedeutete Schema.

Tabelle 4 Die fundamentalen Teilchen des Standardmodells

Drei Familien von Leptonen und Quarks

			Ladung
Leptonen $\begin{pmatrix} \nu_e \\ e \end{pmatrix}$	$\begin{pmatrix} \nu_\mu \\ \mu \end{pmatrix}$	$\begin{pmatrix} \nu_\tau \\ \tau \end{pmatrix}$	0 −1
Quarks $\begin{pmatrix} u(up) \\ d(down) \end{pmatrix}$	$\begin{pmatrix} c(charm) \\ s(strange) \end{pmatrix}$	$\begin{pmatrix} t(top) \\ b(bottom) \end{pmatrix}$	1/3 −2/3

....

Botenteilchen: Photon, $W^\pm$, Z° (elektroschwache WW)

8 Gluonen (nur indirekt beobachtet; starke WW)

Higgs-Teilchen: elektrisch neutral

Darüber hinaus hat es sich als vorteilhaft erwiesen, die Fermionen in linkshändige und rechtshändige Zustände aufzuteilen. Dies führt zu der etwas seltsam anmutenden Konstruktion, dass die linkshändige und die rechtshändige Komponente des Elektrons als zwei verschiedene fundamentale Konstituenten gezählt werden. Insgesamt besteht eine Fermionfamilie des Standardmodells aus fünfzehn elementaren Fermion-Zuständen.

Die große Vereinheitlichung

Mit der Quantenchromodynamik und der elektroschwachen Theorie scheint ein Prinzip gefunden, das die Beschreibung der subnuklearen Phänomene in einem einheitlichen Formalismus erlaubt. Trotz aller Erfolge lässt das Standardmodell allerdings einige theoretische Wünsche unerfüllt. Die Einführung des Higgs-Feldes und seine Ankopplung an die anderen elementaren Felder ist im Wesentlichen nicht festgelegt. Viele Massen und Parameter des Standardmodells sind nicht durch die Theorie bestimmt, sondern werden dem Experiment entnommen. Es gibt auch eine Reihe von Fragestellungen, die auf die Notwendigkeit, eine umfassendere Theorie zu formulieren, hindeuten. Quarks und Leptonen weisen viele Ähnlichkeiten auf, beides sind elementare Größen ohne innere Struktur. Um die Konsistenz der elektroschwachen Theorie zu erreichen, muss jeder Leptonfamilie (wie v_e, e) eine Quarkfamilie (wie u, d) verbunden sein. Kann man erwarten, fast analog zur elektroschwachen Theorie, bei einer gigantischen Energie auch die starke und die elektroschwache zu einer einzigen fundamentalen Wechselwirkung verschmelzen?

Ein nahe liegender Versuch zu einer vereinheitlichten Theorie, einer »GUT« (Grand Unified Theory) wäre wohl, Quarks und Leptonen als gleichberechtigt anzusehen und jede einzelne Fermionfamilie in eine umfassendere Familie elementarer Objekte einzubetten. Im einfachsten Fall kombiniert man Quarks und Leptonen aus einer Familie zu einer Gesamtfamilie der neuen Theorie. Auf diese Weise kann man bereits das Rätsel lösen, warum die elektrische Ladung nur in Bruchteilen der Elementarladung e auftritt: Es ist eine zwangsläufige Folge der Familienzusammenführung.

In einer GUT können die Teilchen beliebig ineinander transformiert werden. Einige dieser Prozesse sind bereits bekannt, einige aber auch neu, wie die Umwandlung von Leptonen in Quarks:

Diese Reaktionen werden von den Botenteilchen der neuen fundamentalen Symmetrie vermittelt. Üblicherweise werden diese kraftübertragenden Teilchen der neuen Vereinheitlichungskraft als X- und Y-Bosonen bezeichnet. Im einfachsten Fall tragen sie die elektrische Ladung $\pm\frac{4}{3}e$, $\pm\frac{1}{3}e$.

Einige dieser Reaktionen bewirken auch einen Zerfall des Protons, des Teilchens, das im Standardmodell als völlig stabil gilt. Da diese Prozesse durch die hypothetischen X- und Y-Bosonen vermittelt werden, hängt die Zerfallsrate empfindlich von deren Masse ab. Man kann sich überzeugen, dass die Massen der X- und Y-Teilchen sehr groß sein müssen, da in allen bisher durchgeführten Experimenten das Proton stabil zu sein scheint.

In jeder GUT lässt sich präzise berechnen, wie sich die effektive Stärke der Wechselwirkung mit der Energie verändert. Diese Entwicklung ist in Abbildung 22 schematisch gezeigt. Starke, schwache und elektromagnetische Wechselwirkungen werden vergleichbar bei der riesigen Energie von 10^{15} GEV, wobei die relative Stärke der Wechselwirkungen im zugänglichen Energiebereich aus Präzisionsmessungen der schwachen Wechselwirkung und der Massen der W- und Z°-Bosonen bestimmt wird. Über dieser Energieschwelle gibt es nur noch eine Wechselwirkung, deren Symmetrien natürlich bei niedrigen Energien als spontan gebrochene Symmetrien betrachtet werden. Tatsächlich scheint aber das Vereinigungskonzept noch komplexer zu sein. Neueste Messungen deuten nämlich darauf hin, dass die verschiedenen Wechselwirkungen sich zunächst nicht in einem Punkt treffen. Die Vereinigungsenergie würde dann zu wesentlich höheren Werten hin verschoben, eventuell bis zur Planck-Energie $M_{pl} \simeq 10^{19}$ GeV (Abb. 22).

Durch die spontane Symmetriebrechung der GUT-Symmetrie erhalten die Bosonen X- und Y-Massen von der Größenordnung der Energieschwelle $M_{GUT} \sim 10^{15}$ GeV. Für das hypothetische Zerfallen der Protonen bewirkt die große Masse eine große Zerfallszeit. Die Lebensdauer des Protons beträgt mindestens 10^{30} Jahre. Da man natürlich ein einzelnes Proton nicht so lange beobachten kann, überwachte man gleichzeitig eine große Zahl von Protonen.

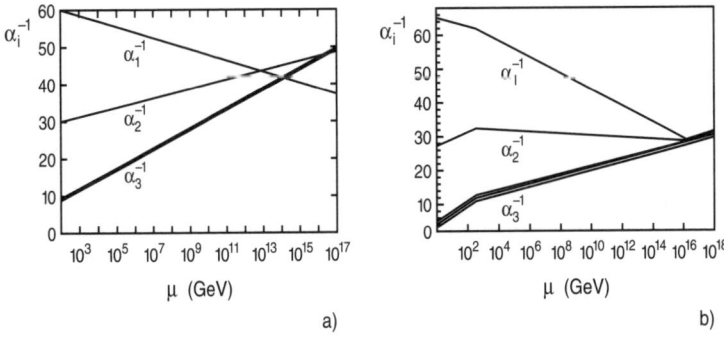

Abbildung 22 Elektromagnetische, schwache und starke Wechselwirkung verändern sich nach dem GUT-Modell mit wachsender Energie so, dass sie bei sehr hohen Energien zu einer einzigen fundamentalen Wechselwirkung konvergieren.

In riesigen unterirdischen Wassertanks in Japan und in den USA wurden bis zu 8000 Tonnen reines Wasser (also etwa 5×10^{33} Protonen) mit Photoelektroden überwacht. Es gab bisher kein einziges signifikantes Zerfallsereignis. Damit hat man eine obere Grenze von 10^{32} Jahren für die Zerfallszeit des Protons gefunden. Dieser Wert widerspricht bereits den Voraussagen der einfachsten GUT-Theorien. Zunächst sind die Protonzerfallsexperimente die einzigen Tests dieser hypothetischen GUT-Theorien. Die Energien von 10^3 GeV, die in Beschleunigern erreicht werden können, liegen leider frustrierend weit von der Vereinheitlichungsenergie von 10^{15} GeV entfernt. Doch können im frühesten Universum die thermischen Energien in den Bereich der GUT-Energien (und höher) kommen, falls das Modell des heißen Urknalls korrekt ist. Jede hypothetische GUT kann also durch Gedankenexperimente im frühen heißen Anfangszustand des Universums getestet werden.

Die Suche nach der Weltformel

Theorie der Superstrings – der Superfäden

Der Ansatz der »Superfäden«, von dem schon in Teil 1 die Rede war, geht von der Vorstellung aus, dass die kleinsten Bausteine der Welt nicht punktförmige Elementarteilchen sind, sondern dass diesen Teilchen eine noch tiefere Struktur zugrunde liegt. Nach der »Superstring«-Theorie ist jedes »elementare« Teilchen eigentlich aus einer fadenförmigen, schwingenden Energiekonzentration aufgebaut, die 10^{20}-mal (also hundert Milliarden Milliarden-mal) kleiner als ein Atomkern ist. Wie eine Geigensaite in verschiedenen Mustern vibrieren kann (wobei jedes von ihnen einen anderen Ton hervorbringt), so kann auch das winzige Filament gemäß der Superstring-Theorie in verschiedenen Mustern schwingen. Diese Schwingungen sollen, so die Theorie, die verschiedenen Eigenschaften der Elementarteilchen hervorbringen. Eine winzige Saite, die in einer bestimmten Weise vibriert, erschiene wie ein Objekt mit der Masse und elektrischen Ladung des Elektrons. Sie wäre dann das, was man traditionsgemäß als Elektron bezeichnet. Schwingungen in einem anderen Muster hätten etwa die Eigenschaften, die erforderlich sind, um sie als Quark, als Neutrino oder irgendein anderes Teilchen zu bezeichnen. Alle Teilchenarten werden durch die Superstring-Theorie vereinheitlicht, da jedes einem bestimmten Schwingungsmuster der gleichen Fundamentaleinheit entspricht. Auch Raum und Zeit sollen sich letztlich so darstellen lassen.

Dies ist ein sehr schöner mathematischer Einstieg in eine Theorie aller Dinge, und vielleicht ist dies ja auch die wahre Theorie. Allerdings ist es bis jetzt noch nicht gelungen, auch nur die bekannten Elementarteilchen, geschweige denn eine realistische Raumzeit innerhalb der Stringtheorie zu konstruieren.

Die große Hoffnung der Stringtheoretiker ist es, mit ihren Konzepten die ersehnte Zusammenführung von Quantentheorie und allgemeiner Relativitätstheorie zu erreichen. Anzeichen dafür gibt es, aber das Ziel ist noch lange nicht erreicht.

Die schwingenden Saitenstücke werden in einer zehn- oder elf-dimensionalen Raumzeit mathematisch beschrieben und der Weg in die übliche vierdimensionale Raumzeit ist eine kompli-zierte Prozedur, in der überzählige Dimensionen irgendwie mi-kroskopisch klein bleiben. Sie werden »aufgewickelt« wie man sagt. Ich habe schon bei der Diskussion der singulären Zustän-de im Urknall und im Inneren der Schwarzen Löcher das Bild des Strohhalms geschildert. Aus großer Entfernung erscheint er eindimensional wie ein Stück einer Linie, in der Nähe wird die zweidimensionale Röhrenstruktur sichtbar, und wenn man ganz genau hinschaut, erkennt man die endliche Dicke der Röhren-wand, also die dreidimensionale Struktur. Ganz analog stellt man sich vor, dass die aufgewickelten Dimensionen sich zeigen, wenn man die Raumzeit auf sehr kleinen Skalen von der Größe der Planck-Länge betrachtet. In der Stringtheorie findet man, dass in jedem Raumzeitpunkt ein sechs- oder siebendimensionaler, hochkomplizierter Raum vorhanden ist. Da sehr viele derartige Raumstrukturen möglich sind, gibt es unzählige verschiedener Stringlösungen. Zu viele jedenfalls, um durch Herumprobieren die richtige zu finden, die zu unserer Welt passt. Vielleicht ist sie auch gar nicht in der Vielzahl von Lösungen enthalten? Es wird ein schweres Stück Arbeit für die Theoretiker, zu einem definiten Ergebnis zu kommen. Immerhin wäre der Lohn beträchtlich: Da es in der Stringtheorie nur mathematisch wohldefinierte Größen geben kann, kämen die Divergenzen der Quantenfeldtheorie und die Singularitäten der Schwarzen Löcher und des Urknalls in der Theorie nicht mehr vor. Es wäre schon interessant, die String-lösung zu sehen, die einen nicht-singulären Urknall beschreibt, oder ins Innere eines Schwarzen Lochs zu blicken und das En-ergiekonzentrat zu studieren, das an die Stelle der Singularität getreten ist.

Bis es so weit ist, müssen wir uns noch eine ganze Weile ge-dulden. Im Augenblick ist noch nicht abzusehen, welche Konse-quenzen diese Theorie für die normale Welt oder für das frühe Universum haben könnte. Deshalb bleibt es für uns ein intellek-tuelles Unternehmen, das wir noch nicht in unser Weltbild einordnen können. Es ist aber klar, dass die Superstring-Theorie experimentell nachprüfbare Aussagen nur liefern kann, wenn es gelingt, eine niederenergetische Näherung zu formulieren. »Niederenergetisch« bedeutet hier zumindest im Energiebereich einer GUT-Theorie, denn eigentlich beschreiben die Superstrings die Welt oberhalb der Planck-Energie von 10^{19} GeV. Ein vergnügliches Buch zu diesem Thema ist »Superstrings« (herausgegeben von P. Davies, J. Brown), in dem in ausführlichen Interviews Fans und Gegner dieser Theorie zu Wort kommen. Die Darstellung der theoretischen Konzepte findet man in teilweise allgemeinverständlicher Form in Brian Greenes Buch »The Elegant Universe« (Das elegante Universum).

Stabile Felder und flüchtige Materie

Nach diesem Überblick über die Welt der Elementarteilchen möchte ich noch einige Bemerkungen zu diesem Thema anfügen.

Wir haben gesehen, dass die Elementarteilchen im Standardmodell in drei Familien zusammengefasst werden. Interessanterweise genügt für unsere normale Welt ganz allein die erste Familie, um die chemischen Elemente, die Moleküle und alles weitere daraus aufzubauen. Die beiden zusätzlichen Familien sind nicht nötig, sie bilden gewissermaßen ein schmückendes Beiwerk bei manchen hochenergetischen Reaktionen. Warum ist dieser unökonomische, zusätzliche Aufwand an weiteren Teilchen vorhanden? Niemand weiß das.

Ein weiterer wichtiger Aspekt ist die Tatsache, dass genau wie materielle Teilchen auch Felder als wirkliche physikalische Objekte existieren. Sie sind immateriell, nicht Substanz, sondern reine Form. Trotzdem breiten sie sich im leeren Raum ohne materiellen Träger aus, besitzen Energie und spielen eine fundamentale Rolle bei den Wechselwirkungen der Elementarteilchen. Tatsächlich scheinen Felder die fundamentalen Strukturen der Welt zu sein und nicht die Elementarteilchen, die sich ineinander und in Energie umwandeln, die zerfallen oder neu entstehen aus den Anregungen der Felder.

Es ist ein merkwürdiges Bild, das so vom Urgrund der Dinge entsteht. Materielle Objekte sind flüchtig und wandelbar, Bestand haben allein abstrakte Strukturen wie Felder oder Gebilde wie die Strings.

Unsere scheinbar solide Welt steht auf einem schwankenden und unsicheren Fundament. Was wäre denn, wenn sich das Potential des Higgs-Feldes plötzlich ein wenig ändern würde? Die Massen der Elementarteilchen würden sich ebenfalls ändern und dies womöglich so, dass Atome nicht mehr bestehen könnten. Dann wäre schlagartig alles verschwunden, das uns jetzt als unsere schöne Welt erfreut, und wir selbst auch.

Natürlich müssen wir die theoretischen Konzepte als vorläufige Arbeitshypothesen ansehen. Andererseits ist diese Art der Beschreibung nicht reine Phantasie, sondern durchaus untermauert von soliden experimentellen Einsichten.

Die grundlegenden Formen und Strukturen beziehungsweise die Ideen, welche dafür im Moment im Umlauf sind, können wir nur in nie ganz genau treffenden Bildern und Analogien schildern. Allein mit Hilfe der Mathematik können diese Vorstellungen in konsistenter Weise beschrieben werden. Daher ist die Stringtheorie, die mit dem Anspruch auftritt, die fundamentale Theorie für alles zu sein, speziell wegen ihrer mathematischen Struktur so attraktiv für viele Forscher. Mit experimentellen Tests der Theorie sieht es dagegen weniger gut aus, und auch die Erfolgsaussichten dieses Unterfangens lassen sich schwer abschätzen. Man sollte aber keine Wette im paulischen Sinne abschließen, dass eine allumfassende Theorie niemals gefunden wird. Diese Wette könnte man niemals gewinnen, selbst wenn man Recht hätte. Allerdings muss man sehr wohl skeptisch sein, ob es gelingen kann, eine Theorie ohne Leitfaden durch experimentelle Resultate zu entwickeln.

Nach dieser großen Tour auf der Suche nach dem, »was die Welt im Innersten zusammen hält«, wollen wir uns der Frage stellen, wie eigentlich Quantenwelt und klassische Welt zusammenhängen.

Die merkwürdige Realität der Quantenwelt

Teilchen, Welle, Feld

Auf dem Niveau der Elementarteilchen verlieren sich die letzten Zeichen von Individualität, die auf höheren Ebenen der Komplexität noch vorhanden sind. Ein Elektron oder Proton ist wie jedes andere. Deshalb sprechen wir zu Recht von »dem« Elektron, »dem« Proton.

Die Elementarteilchen werden durch bestimmte unveränderliche Eigenschaften charakterisiert wie Masse und elektrische Ladung. In den Experimenten an den großen Beschleunigern verhalten sich Elementarteilchen wie kleine Körper, die mit hoher Energie aufeinander stoßen und bei ihren Reaktionen Erhaltungssätze für Energie, Impuls und einzelne Quantenzahlen beachten. Die Analyse von Streuexperimenten bei hoher Energie bleibt völlig in diesem »Korpuskelbild«.

Als quantenmechanische Objekte haben die Elementarteilchen aber auch Eigenschaften, die der Vorstellung von sehr kleinen Körpern völlig widersprechen. Sie besitzen nämlich auch Wellencharakter, der zum Beispiel in vielen interferometrischen Experimenten mit Elektronen und Neutronen demonstriert wurde. Einem Teilchen der Masse m kann man eine charakteristische Wellenlänge, seine »Comptonwellenlänge«

$$\lambda = \frac{\hbar}{mc}$$

zuordnen, und diese Entsprechung ist nicht nur formal. Bei der Streuung an Gittern mit einem Spaltabstand kleiner als λ verhalten sich die Teilchen wie Wellen mit der Wellenlänge λ. Andererseits stellte sich heraus, beginnend mit den Arbeiten von Max Planck um die Jahrhundertwende, dass die elektromagnetische Strahlung, also auch die Lichtwellen, aus diskreten Energiequanten aufgebaut sind, die man Photonen nannte. Photonen haben den Spin 1 und die Masse 0. Ein Objekt mit der Masse null mag uns als wenig fassbares Gebilde erscheinen. Tatsächlich aber zeigen diese Lichtteilchen durchaus experimentell nachprüfbare Reaktionen, zum Beispiel beim photokinetischen Effekt, bei dem durch Bestrahlung eines Metalls mit Licht ein Strom erzeugt wird. Dies leisten die Lichtteilchen, die durch Stöße Elektronen aus der Atomhülle herauslösen. Diese sogenannte Welle-Teilchen-Dualität ist eine der paradox erscheinenden Grundtatsachen der Quantenmechanik. Sie deutet an, dass weder der klassische Teilchenbegriff noch die Vorstellung einer Welle der Realität dieser quantenmechanischen Objekte gerecht wird. Wir werden auf diesen Punkt noch weiter eingehen müssen.

Beugung am Spalt

Das fundamentale Experiment, mit dem die Wellennatur von Teilchen demonstriert wurde, ist das Doppelspalt-Experiment von Young. Im Prinzip geht es darum, die Elektronen eines Strahls zu registrieren, die vorher einen oder zwei enge Spalte in einem Metallschirm passiert haben. Sind beide Spalte geöffnet, so erscheint auf dem Registrierschirm ein Muster aus Streifen entsprechend dem Muster von interferierenden Lichtwellen an einem Gitter, wird aber ein Spalt verschlossen, so misst man eine Gaußsche Glockenkurve (wie sie auf den 10-D-Mark Scheinen abgebildet war) der Elektronenverteilung, entsprechend dem Ablenkwinkel, um den die einzelnen Teilchen zufällig gestreut wurden. Der gleiche Elektronenstrahl verhält sich also einmal wie ein System aus Wellen und einmal wie ein aus einzelnen Teilchen bestehender Strahl. Es ist die Versuchsanordnung, die darüber entscheidet, ob das Wellen- oder Teilchenbild zutrifft (Abb. 23).

Die Wandlung des Teilchenbegriffs – die Heisenbergsche Unschärferelation

In der klassischen Physik beschreibt man den momentanen Bewegungszustand eines Teilchens durch zwei unabhängige Angaben, nämlich seinen Ort und seine Geschwindigkeit. Nach der Quantenmechanik sind die Verhältnisse etwas anders: Ort oder Ge-

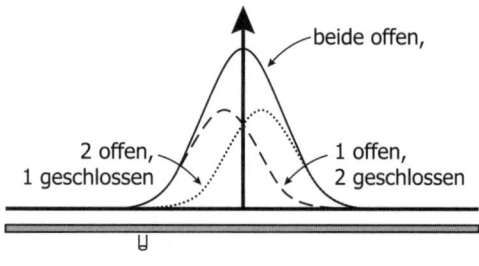

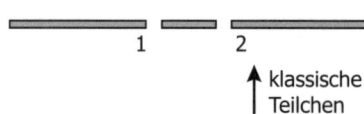

Abbildung 23a Beim Durchgang klassischer Teilchen durch zwei kleine Schlitze (üblicherweise »Spalt« genannt) in einer ansonsten undurchdringlichen Abschirmung zeigen sich auf dem Detektorschirm die Treffer in der Form einer Gaußschen Glockenkurve verteilt, genau so, wie man es von zufälligen, kleinen Richtungsänderungen der Teilchen erwartet. Wird ein Spalt verschlossen, stellt sich die entsprechende Gaußkurve für den offenen Spalt ein.

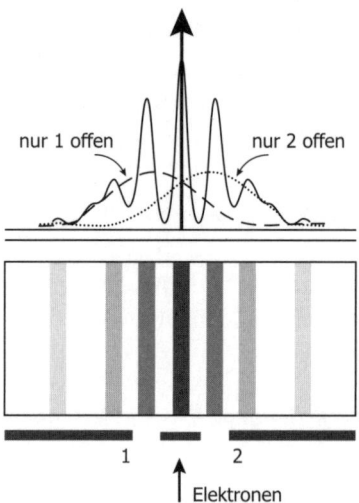

Abbildung 23b Beim Durchgang quantenmechanischer Teilchen (Elektronen oder Photonen) zeigen sich auf dem Detektorschirm bei zwei geöffneten Spalten Interferenzstreifen, bei einem geöffneten Spalt erscheint als Resultat die Glockenkurve.

schwindigkeit lassen sich zwar jeweils einzeln mit beliebiger Genauigkeit feststellen, wenn man keinen Wert auf die andere Größe legt. Beide Größen zugleich können aber nicht mit voller Genauigkeit bestimmt werden. Man darf sich nicht einmal vorstellen, dass sie beide im selben Augenblick völlig scharf bestimmte Werte haben. Ort und Geschwindigkeit liegen nur mit einer gewissen Unbestimmtheit fest. Die Heisenbergsche Unschärferelation beschreibt diesen Sachverhalt so: Multipliziert man die Unschärfe im Ort Δx und die Unbestimmtheit im Impuls Δp (Impuls ist gleich der Geschwindigkeit multipliziert mit der Masse), so ist das Produkt niemals kleiner als $\hbar$, das Plancksche Wirkungsquantum, eine Naturkonstante, die in allen Quantenprozessen vorkommt. Für ein Elektron ergeben sich besonders einfache Zahlen, wenn man die Länge in Zentimetern und die Zeit in Sekunden misst. Dann bedeutet ein Spielraum von einem Zentimeter pro Sekunde in der Geschwindigkeit, dass der Ort in einem Bereich von einem Zentimeter verwischt ist. Will man den Ort genauer bestimmen, so wird die Geschwindigkeit unbestimmter, und umgekehrt. Das ist befremdlich, doch die Heisenbergsche Unschärferelation ist eine grundlegende Naturerkenntnis und ein Fundament der Quantenmechanik. Warum ist die Quantenwelt so merkwürdig? Wir werden sehen, dass dies nicht weiter erklärt werden kann, etwa durch Rückgriff auf klassische Vorstellungen, sondern als Eigenschaft der Natur hingenommen werden muss.

Welche Realität beschreibt die Quantentheorie?

Elementare Experimente führen, wie wir gesehen haben, zu dem Schluss, dass die Quantenwelt anders ist als die klassische Welt. In der klassischen Welt stehen unsere Apparate, hier registrieren wir die Resultate. Eine Interpretation in klassischen Begriffen aber ergibt, dass die Quantenobjekte sich manchmal wie Teilchen, manchmal wie Wellen verhalten können, je nach der experimentellen Fragestellung. Die Ergebnisse der Messungen sind im Allgemeinen nicht deterministisch festgelegt, sondern es gibt mehrere Möglichkeiten, zwischen denen sich die Teilchen beziehungsweise Wellen im Einzelfall völlig unvorhersehbar, rein zufällig entscheiden.

Eine große Zahl von Quantenobjekten erzeugt dann eine Verteilung, in der jedes mögliche Ergebnis mit einer bestimmten Wahrscheinlichkeit auftritt. In den quantenmechanischen Gesetzen scheint eine gewisse Freiheit oder Wahlmöglichkeit angelegt.

So wird ein bestimmter Atomkern eines radioaktiven Elements, sagen wir des Uran, irgendwann zerfallen, aber es ist unmöglich vorherzusagen, wann dies geschehen wird: Das kann sofort sein oder erst in einigen Milliarden Jahren. Ein Spatz auf dem Dach hat ebenfalls eine begrenzte Lebensdauer, die lässt sich aber viel genauer abschätzen als diejenige des Uranatoms.

Jedes klassische Objekt besteht aus sehr vielen Atomen. Wenn man also viele Quantenobjekte aufeinander packt, dann verlieren sich offensichtlich bei einer gewissen Größe die Quanteneigenschaften und das Gesamtobjekt verhält sich klassisch. Wo diese Grenze ist, und wie der Übergang in den klassischen Bereich vollzogen wird, ist noch nicht geklärt.

Erwin Schrödinger veranschaulicht diese merkwürdigen Verhältnisse durch sein berühmtes Beispiel der Katze, die in einem Kasten sitzt, in den Giftgas einströmen kann (*Ich bitte Katzenliebhaber um Entschuldigung – Schrödinger selbst war übrigens ein Katzenfreund*), das die Katze töten würde. Auslöser der Giftgaszufuhr ist der Zerfall eines radioaktiven Atoms, also ein quantenmechanischer Prozess.

Die Wellenfunktion des gesamten Systems – Katze, Kasten, Gas, radioaktives Atom – enthält eine lineare Überlagerung der Alternativen A: *Katze lebt* und B: *Katze tot*. Lässt man das Experiment eine Weile laufen und sieht dann nach, so ist entweder A oder B eingetreten. Überlässt man das System aber weiterhin sich selbst, so bleibt alles in einem linearen Überlagerungszustand, die Katze befindet sich in diesem Sinn in einem eigentümlichen Schwebezustand zwischen A und B, zwischen tot und lebendig. Das klingt absurd, aber so ist die Quantenmechanik, wenn wir sie zur klassischen Welt in Beziehung setzen.

Sehen wir uns noch einmal das Experiment genauer an, bei dem ein Elektronenstrahl durch einen oder zwei Spalte in einer Metallabschirmung auf einen dahinter aufgestellten Registrierschirm auftrifft. Ist nur ein Spalt geöffnet, findet man eine Intensitätsverteilung am Schirm, die einer Gaußschen Glockenkurve entspricht. Öffnet man beide Spalte, so entsteht aber keineswegs auf dem Schirm neben- und übereinander die Summe der Intensitäten für zwei Spalte, sondern es bildet sich ein Muster aus Streifen, ein Interferenzmuster. Dabei ist die Zahl der Elektronen, die pro Flächeneinheit auftreffen, in den hellen Streifen sehr viel höher als beim Einzelspalt-Experiment. Andrerseits gibt es zwischen den Streifen Stellen, an denen kein einziges Elektron auftrifft, obwohl bei nur einem geöffneten Spalt an diesen Stellen ebenfalls Elektronen registriert wurden. Für die Elektronen gibt es offenbar Wege, die bei zwei geöffneten Spalten nicht mehr gangbar sind, ein merkwürdiges Ergebnis, sollten doch bei zwei geöffneten Spalten nach unserer naiven Erwartung mehr mögliche Bahnen von der Quelle bis zum Schirm zur Verfügung stehen. Das Ergebnis entspricht natürlich genau den Interferenzeigenschaften von Wellen. Bei *zwei* offenen Spalten verhält sich also der Elektronenstrahl als Welle, bei *einem* offenen Spalt als Teilchenstrahl (Abb. 23).

Man kann die Intensität des Elektronenstrahls verringern, bis man sicher sein kann, dass jeweils nur ein einziges Elektron unterwegs ist. Selbst dann findet man das gleiche Ergebnis: Glockenkurve bei einem geöffneten Spalt, Interferenzmuster bei zwei offenen Spalten. Dies muss bedeuten, dass selbst das einzelne Elektron sich stets sowohl als Teilchen wie als Welle verhält. Es vereint beide Eigenschaften in sich. Wenn wir am Spalt einen Detektor anbringen und registrieren, ob das Elektron hindurchfliegt oder nicht, dann verschwindet das Interferenzmuster, und es ergibt sich die Gaußsche Zufallsverteilung der Überlagerung der einzeln auftreffenden Elektronen. Man kann im Experiment die beiden Spalte so weit voneinander trennen, dass das in einem kleinen Raumbereich konzentrierte Teilchen, das durch einen Spalt fliegt, bestimmt nichts von dem anderen Spalt bemerken kann, ob er nun offen oder geschlossen sei. Immer zeigen jedoch die Ergebnisse, dass das Teilchen Bescheid weiß und sich entsprechend verhält. Wie kann das möglich sein? Offenbar doch nur, wenn man dem Quantenobjekt eine über den ganzen Raumbereich – einschließlich Metallfolie, Schirm und Quelle – ausgedehnte Art von Existenz zuschreibt.

Noch bemerkenswerter wird die ganze Geschichte, wenn die Versuchsanordnung es erlaubt, die Spalte zu öffnen oder zu schließen, wenn das Elektron bereits vorbei ist. War nur ein Spalt geöffnet, so müsste sich eigentlich die Gaußsche Verteilung zeigen. Wenn man aber den zweiten Spalt öffnet, nachdem das Elektron schon vorbei ist, ergibt sich dennoch das Beugungsmuster. Damit ist klar, dass diese Elementarteilchen nicht Gebilde unserer klassischen Welt sein können.

Mit raffinierten experimentellen Anordnungen ist es Anton Zeilinger und seinen Mitarbeitern in Wien gelungen, immer größere Moleküle dem Doppelspalt-Experiment auszusetzen. Inzwischen wurde das Interferenzverhalten von Molekülen, die aus 10 Millionen Atomen bestehen, nachgewiesen. Das klassische Verhalten zeigt sich also erst bei noch größeren Objekten. Aber warum zeigt es sich überhaupt?

Vorsicht, Mathematik!

Tatsächlich kann man mit der Quantenmechanik wunderbar rechnen und außerordentlich gute Übereinstimmungen mit den Experimenten erhalten. Ganz kurz sollten wir uns deshalb einige prinzipielle, mehr mathematische Aspekte der Quantenmechanik ansehen. Der folgende Abschnitt ist nur eine stärker in diese Richtung gehende Erörterung der gleichen Dinge, die ich bereits im anschaulichen Beispiel besprochen habe. In der mathematischen Beschreibung der Quantenobjekte sucht man Wellenfunktionen als Lösungen der von Schrödinger aufgestellten Gleichung. Jede Lösung entspricht einem bestimmten Quantenzustand, beispielsweise könnte dies ein Elektron mit dem Spin in eine bestimmte Richtung sein oder auch das Elektron mit dem Spin in der Gegenrichtung. Auch die Kombination zweier Elektronen mit den Spins in entgegengesetzte Richtungen wäre dann wieder eine Lösung, ein anderer Quantenzustand.

Mit zwei Zuständen ψ_1 und ψ_2 sind auch alle linearen Kombinationen von Zuständen $a\psi_1 + b\psi_2$ mit komplexen Zahlen a und b möglich. Auch die Koexistenz von Alternativen kann vorkommen, das heißt von Zuständen, die sich klassisch betrachtet ausschließen würden. So könnten etwa der Zustand, bei dem das Elektron durch Spalt A im Doppelspalt-Experiment geht, und der Zustand, bei dem es durch Spalt B geht, mit komplexen Zahlen kombiniert werden zu eigentümlichen Zuständen, in denen alles in der Schwebe bleibt. Diese komplexen Zahlen werden als Wahrscheinlichkeitsamplituden bezeichnet. Auf dem Quantenniveau entwickelt sich der Zustand als Lösung der Schrödinger-Gleichung völlig deterministisch. Gehen wir aber auf das klassische Niveau über, sehen wir, dass wir die Unterschiede von Alternativen bemerken können und dass diese Überlagerungen nicht mehr vorhanden sind. Stattdessen müssen die Absolutquadrate der komplexen Amplituden als Wahrscheinlichkeiten für die Alternativen interpretiert werden. Die Anhebung auf das klassische Niveau geschieht durch eine Messung, durch die eine der Alternativen in die aktuelle physikalische Erfahrung geholt wird und überlebt. Der Zustand nach der Messung entspricht dann genau dieser einen Alternative. Für praktische Rechnungen funktioniert diese als Kollaps der Wellenfunktion bezeichnete Vorschrift hervorragend. Versuche diese Gesetzmäßigkeit zu interpretieren führen allerdings zu enormen Schwierigkeiten.

Interpretationsversuche

Im Prinzip kann man zwei mögliche Standpunkte einnehmen: Man könnte sich damit zufrieden geben, dass die klassischen Objekte und die Quantenobjekte sich ganz unterschiedlich verhalten. Die Deutung einer Messung, also eines klassischen Ereignisses – etwa der Zeigerstellung eines Apparats oder der Leuchterscheinung in einer gasgefüllten Röhre –, muss dann in Bildern erfolgen, die sich scheinbar widersprechen, allerdings nur, weil die klassische Sprache für die Quantenwelt unangemessen ist. Diese Deutung der Quantenmechanik wurde von Niels Bohr und seinen Kollegen in Kopenhagen entwickelt. Nach wie vor wird sie von den meisten Physikern akzeptiert. Nach der sogenannten »Kopenhagener Deutung« ist der Messprozess selbst ein wesentliches Element der Beschreibung.

Der Messprozess bedeutet einen erheblichen Eingriff in das System. Während die ungestörte Wellenfunktion sich gemäß der Schrödinger-Gleichung von den Anfangsbedingungen ausgehend völlig deterministisch entwickelt, wird durch die Messung und den Kollaps der Wellenfunktion ein nicht-deterministisches Element eingeführt: Der plötzliche Übergang zu einem klassisch wahrnehmbaren Resultat geschieht durch die Wahrnehmung des Messergebnisses durch einen Beobachter. Solange niemand hinschaut, bleibt alles noch im quantenmechanischen Schwebezustand.

Werner Heisenberg, einer der Mitbegründer der Quantenmechanik und der Kopenhagener Deutung, hat das so formuliert: »Es hat sich herausgestellt, dass jene erhoffte objektive Realität der Elementarteilchen eine zu grobe Vereinfachung des wirklichen Sachverhalts darstellt und viel abstrakteren Vorstellungen weichen muss. Wenn wir uns ein Bild von der Art der Existenz der Elementarteilchen machen wollen, können wir nämlich grundsätzlich nicht mehr von den physikalischen Prozessen absehen, durch die wir von ihnen Kunde erlangen ... Bei den kleinsten Bausteinen der Materie bewirkt jeder Beobachtungsvorgang eine grobe Störung, man kann gar nicht mehr vom Verhalten des Teilchens, losgelöst vom Beobachtungsvorgang sprechen. Dies hat schließlich zur Folge, dass die Naturgesetze, die wir in der Quantentheorie mathematisch formulieren, nicht mehr von den Elementarteilchen an sich handeln, sondern von unserer Kenntnis der Elementarteilchen ... Die Vorstellung von der objektiven Realität der Elementarteilchen hat sich also in einer merkwürdigen Weise verflüchtigt, nicht in den Nebel irgendeiner neuen, unklaren oder noch unverstandenen Wirklichkeitsvorstellung, sondern in die durchsichtige Klarheit der

Mathematik, die ... unsere Kenntnis des Verhaltens der Elementarteilchen darstellt.«

Dichterisch gestaltet hat das Gleiche Christian Morgenstern in seinem Gedicht über den Kilometerstein: »... was wohl ist er ungesehen, ein uns völlig fremd Geschehen / Erst das Auge schafft die Welt.«

Viele Wissenschaftler akzeptieren die Kopenhagener Deutung als eine brauchbare Arbeitshypothese, sehen aber auch, dass hier ein nicht sehr scharf umgrenzter Begriff in die Theorie eingeführt wird. Die Einbeziehung des bewusst wahrnehmenden Beobachters bringt eine dramatische Wende:

Völlig im Gegensatz zum ursprünglichen Anliegen der Naturwissenschaft, die objektiv und unabhängig vom Beobachter existierende Welt zu beschreiben, müsste man die Realität als abhängig vom Bewusstseinszustand eines Beobachters ansehen. Sollte der Versuch schon auf dieser noch ganz physikalischen Ebene der quantenmechanischen Prozesse gescheitert sein?

Die Schwierigkeit der Kopenhagener Deutung liegt in der Trennung von Beobachter und System. Je genauer man diesen Umstand betrachtet, desto verschwommener wird die ganze Sache. Der Beobachter liest zum Beispiel eine Zeigerstellung ab – seine Brille können wir ohne weiteres mit zum System rechnen, ebenso die physikalisch-chemischen Reaktionen, die in seinem Sehnerv ablaufen, bis hin zur endgültigen Informationsverarbeitung im Gehirn. Bis zu diesem Punkt könnte alles noch zum vermessenen quantenmechanischen System gerechnet werden. Der Schwebezustand der Überlagerung verschiedener Alternativen bliebe bestehen. Erst der Bewusstseinsakt, also die Wahrnehmung des Resultats im Bewusstsein des Beobachters, führt zum Kollaps der Wellenfunktion, zum realen, klassischen Ereignis. Es scheint, als sei hierdurch ein Fenster in den Bereich des existentiellen Bewusstseins, des Geistes, geöffnet, eines Bereichs, der der Physik eigentlich definitionsgemäß verschlossen bleiben müsste.

Eine ganze Reihe von Physikern versuchen an dieser Stelle, die Begriffe Geist, Bewusstsein, freien Willen, ja sogar Gott in der Physik unterzubringen. Ich wäre begeistert, wenn man wirklich zeigen könnte, dass die physikalische Welterklärung, ausgehend von Elektronen und Atomen, schließlich zu solch »nicht-objektiven« Begriffen wie Geist und Bewusstsein führt. Doch scheint mir diese Argumentation nicht schlüssig: Die Interpretation der Quantenmechanik durch Messprozess und Beobachter wirkt eher wie ein Notbehelf, der darauf hindeutet, dass die Theorie vielleicht noch nicht vollständig ist und genau an dieser Stelle durch eine umfassendere Beschreibung ersetzt werden muss. Diese gibt es noch nicht, aber das heißt nicht, dass sie nicht in einigen Jahren gefunden wird. Alle Gedankenspiele, mit denen aus der Quantenmechanik die Grundlagen für metaphysische und theologische Argumente abgeleitet werden, werden Makulatur, sobald die neue Theorie gefunden ist. Meiner Ansicht nach kann die Naturwissenschaft ehrlicherweise nur bis zu einer Schwelle führen, an der deutlich wird, dass weitere Erklärungen über die Naturwissenschaft hinausgehen müssen. Was sie geleistet hat, ist schon interessant genug, wie wir bereits gesehen haben. Die Komplexität der Welt wird umso faszinierender, je mehr sie sich uns erschließt.

Andererseits scheint es doch so, dass die Quantenmechanik Atome und Elektronen, Quarks und Strings beschreibt und nicht primär die besonderen makroskopischen Gesetzmäßigkeiten, die mit dem zusammenhängen, was wir als Messung der Eigenschaften dieser Dinge bezeichnen. Aber falls diese Objekte nicht selbst irgendwie mit der Wellenfunktion identifiziert werden können – und falls die Rede von ihnen nicht nur eine Abkürzung für komplizierte Aussagen über Messprozesse ist –, dann muss man sich doch fragen, wo sie in der quantenmechanischen Beschreibung zu finden sind. Vielleicht gibt es einen sehr einfachen Grund, warum es so schwierig ist, in der mathematischen Beschreibung der Quantenmechanik die Objekte zu erkennen, von denen sie eigentlich handeln sollte. Vielleicht ist die quantenmechanische Beschreibung nicht die ganze Geschichte? Schon Albert Einstein glaubte, dass die Quantenmechanik, allen großartigen Erfolgen bei der Berechnung vieler Prozesse zum Trotz, eine unvollständige Beschreibung der Wirklichkeit sein müsse. Die bisherigen Versuche, eine völlig objektive Darstellung der Quantenmechanik zu finden, sind selbst allerdings teilweise noch unzulänglich und merkwürdig.

Besonders extrem ist die Vielwelten-Interpretation, nach der jedes quantenmechanische Ereignis die Welt aufspaltet in Parallelwelten, in denen jeweils eines der möglichen Messresultate realisiert ist. Diese Interpretation betrachtet also die Wellenfunktion als eine reale Größe, die aber in verschiedenen Welten existiert. Mit einem derart bizarren Erklärungsversuch wird die realistische Interpretation der quantenmechanischen Wellenfunktion sehr teuer erkauft: In jedem Augenblick ereignen sich unglaublich viele solcher Aufspaltungen, und neue Universen entstehen in riesiger Zahl. Es gibt keinerlei Kommunikation zwischen diesen Welten, denn wir bemerken nicht, dass wir uns ständig in neue Duplikate aufspalten, weil unser Bewusstsein offenbar ungestört auf einem einzigen Pfad durch diese sich ständig aufspaltenden Welten gleitet. Die Vervielfältigungen geschehen vollkommen deterministisch, von einer Super-Wellenfunktion geleitet, die nie kollabiert, außer wenn ein Gott außerhalb des Universums sie beobachten würde.

Sympathischer erscheint vielen die Vorstellung, dass es sozusagen als Unterfütterung der Quantenmechanik eine verborgene Realität gibt, die wir nicht beobachten. Darin gelten deterministische Gesetze, die durch statistische Schwankungen zu den quantenmechanischen Erscheinungen führen, die wir beobachten.

Das EPR-Paradoxon

Einstein entwarf ein Gedankenexperiment, in dem ein Teilchen und sein Antiteilchen gleichzeitig entstehen und in entgegengesetzten Richtungen auseinander laufen. Durch die quantenmechanische Wellenfunktion bleiben die beiden Teilchen ein System, sie bleiben »korreliert«, auch wenn sie sich um Lichtjahre voneinander entfernt haben. An einem Teilchen vorgenommene Messungen bewirken dann gleichzeitig ein Messergebnis für das andere. Betrachten wir zum Beispiel für das Teilchen den Spin, der verschiedene Orientierungen im Raum haben kann. Alle diese Ausrichtungen sind in der Wellenfunktion enthalten, und jede trifft mit einer bestimmten Wahrscheinlichkeit zu. Durch eine Messung wird die Wellenfunktion auf einen Zustand mit einer bestimmten Spinrichtung reduziert, sie »kollabiert«. Das Antiteilchen, Lichtjahre entfernt, hat zunächst auch keine bestimmte Spinrichtung, sondern befindet sich in einem Zustand, in dem sich alle möglichen Orientierungen überlagern. Aber nach der Messung am Teilchen erhält gleichzeitig das Antiteilchen einen Messwert, und zwar die entgegengesetzte Spinrichtung. Dies geschieht auch dann, wenn Teilchen und Antiteilchen so weit voneinander getrennt sind, dass auch mit Lichtsignalen keine Kommunikation zwischen ihnen möglich ist. Da weder das Teilchen noch das Antiteilchen einen bestimmten Spin besitzen, bevor dieser bei einem der beiden gemessen wird, stellt sich die Frage, woher das andere weiß, welchen Spinzustand es einnehmen soll.

Von Einstein, Podolsky und Rosen wurde diese Überlegung 1935 im sogenannten »EPR-Papier« zu einem Paradoxon umformuliert. Das »EPR-Paradoxon« besteht darin, dass trotz der kausalen Trennung der beiden Teilchen offenbar eine »spukhafte« nicht-kausale Kommunikation stattfindet, durch die sich der Spin einstellt. Einstein vermutete deshalb, dass eine klassische Welt, die für uns unbeobachtbar ist, den quantenmechanischen Phänomenen zugrunde liegen müsse.

Diese Vorstellung lehnt sich an die übliche Interpretation statistischer Prozesse der klassischen Physik an. Beim Wurf einer Münze etwa sagen wir, das Resultat (Kopf oder Zahl) sei völlig zufällig. Falls wir aber die Luftbewegungen im Raum, die genauen Bedingungen des Wurfs und die Eigenschaften der Münze kennen würden, dann könnten wir das Ergebnis einfach berechnen. Da wir diese detaillierten Kenntnisse aber nicht haben, erscheint der Münzwurf zufällig. Die Frage war nun, ob diese Theorien der verborgenen Parameter einer kritischen Prüfung unterzogen werden können.

Der Physiker John Bell, der am europäischen Kernforschungszentrum CERN in Genf arbeitete, hatte 1964 eine exakte Abschätzung für bestimmte Funktionen, sogenannte Korrelationen, gefunden, die als Messresultate bei einem System aus zwei Teilchen auftreten und ein Maß dafür darstellen, wie weit die beiden Teilchen sich gegenseitig beeinflussen.

Klassische Korrelationen erscheinen uns nahezu trivial. Wenn wir wissen, dass zwei Dinge zusammengehören, wie etwa ein rechter und ein linker Handschuh, so können wir aus der Tatsache, dass wir weit weg von zu Hause einen rechten Handschuh in der Manteltasche finden, sofort schließen, dass zu Hause der linke in der Schublade liegt, vorausgesetzt natürlich, wir haben ihn nicht unterwegs verloren.

In der Quantenphysik wird die Sache etwas komplizierter. Da es »Quantenhandschuhe« nicht gibt, betrachten wir ein quantenmechanisch korreliertes Paar von Photonen. Die »Bellsche Ungleichung« bestimmt einen maximalen Wert für diese Korrelationen, falls man verborgene Variable als theoretisches Konzept zugrunde legt. Die übliche Quantenmechanik sagt nun vorher, dass der Bellsche Grenzwert in bestimmten Situationen, falls man sogenannte »verschränkte Zustände« hat, übertroffen werden sollte. Es ist tatsächlich gelungen, Experimente zu entwickeln, die diese Hypothese testen.

Im Jahre 1982 beobachteten Alain Aspect und seine Mitarbeiter die Aussendung von Lichtquanten durch Kalziumatome. Paare von Photonen, die sich jeweils in entgegengesetzte Richtungen bewegten, wurden beobachtet, wenn die Photonen weit voneinander entfernt waren. Das Resultat des Experiments demonstrierte eine Überschreitung des Bellschen Grenzwertes durch die korrelierten Photonen. Auch bei großer Entfernung bildeten die beiden Teilchen einen stark korrelierten, »verschränkten« Zustand.

Mittlerweile wurden diese verschränkten Zustände in zahlreichen Experimenten nachgewiesen. Ideen, wie der Quantencomputer, die Quantenkryptographie oder die Teleportation eines Quantenzustands entstanden daraus.

Damit ist Einsteins Vorstellung widerlegt, dass es hinter den Quantenphänomenen eine nicht beobachtbare, aber der wohlbekannten ähnliche klassische Welt gibt. Dies wäre eine Möglichkeit gewesen, die Welt weiterhin als objektiv, real existierend anzusehen.

Einige genauere Anmerkungen zu diesem Phänomen der verschränkten Zustände – mit etwas unumgänglicher Mathematik – sind in einem Appendix zu diesem Teil zusammengestellt.

Transzendentes?

Die Schlüsselrolle des Beobachters in der Quantenphysik führt unweigerlich zu Fragen nach der Natur von Geist und Bewusstsein und ihrer Beziehung zur Materie.

Der Kollaps der Wellenfunktion im Messprozess, durch den Alternativen, die sich vorher überlagert hatten, entschieden werden, scheint den Eingriff eines bewusst agierenden Subjekts zu erfordern, sozusagen eine direkte Einwirkung des Geistes auf die Materie. Da die Heisenbergsche Unbestimmtheitsrelation eine Reihe möglicher Entwicklungen für einen physikalischen Zustand erlaubt, ist es recht verführerisch, an dieser Stelle zu folgern, dass Geist oder Bewusstsein bei der Auswahl mitwirken können. Wir bräuchten dann zunächst eine Theorie des Geistes und des Bewusstseins, bevor wir die Quantenwelt wirklich verstehen könnten.

Allerdings werden Vorstellungen, dass der Geist vermittels des quantenmechanischen Unschärfeprinzips in die Welt kommt, nicht wirklich ernst genommen. Die elektrisch-chemische Aktivität des Gehirns scheint doch recht robust und klassisch, nicht von Quantensprüngen bestimmt.

Doch können wir wohl dem Dilemma nicht ausweichen, dass die Vorstellung einer unabhängig vom Beobachter vorhandenen Wirklichkeit in der Quantenwelt zu Schwierigkeiten bei der Interpretation führt.

Appendix

Verschränkte Zustände

Betrachten wir linear polarisierte Photonen, bei denen das elektromagnetische Feld in einer bestimmten festen Richtung schwingt. Die Schwingung ist immer senkrecht zur Ausbreitungsrichtung. Läuft das Photon in x-Richtung, so ist sein elektrischer Vektor in der y-z Ebene, in einem rechtwinkligen (xyz) Koordinatensystem. Ein Photon, das in y-Richtung polarisiert ist, können wir durch das Zeichen $|0>$ symbolisch darstellen, ein in z-Richtung polarisiertes durch $|1>$. (Diese symbolische Darstellung geht auf den englischen Physiker Paul Dirac zurück.)

Diese beiden Richtungen sind senkrecht zueinander. Zeigt die Polarisation eines Photons in eine Richtung, die um den Winkel ψ gegen die z-Achse gedreht ist, so schreiben wir

$$|\psi> = cos\psi\,|1> + sin\psi\,|0>\,.$$

Der Zustand $|\psi>$ könnte nun gemessen werden durch eine Versuchsanordnung, in der das Photon durch einen Polarisationsfilter läuft. Ist der Filter in z-Richtung orientiert, so gelangt nur die Komponente $cos\psi\,|1>$ hindurch. Die Wahrscheinlichkeit, das Photon in diesem Zustand zu finden, ist $cos^2\psi$. Entsprechend erhält man $sin^2\psi$ für die Wahrscheinlichkeit, das Photon hinter einem Polarisationsfilter, der in y-Richtung orientiert ist, zu finden. Wird der Polarisationsfilter in dieser Weise entweder vertikal oder horizontal orientiert, spricht man von einer Messung in der $|0>, |1>$ Basis.

Der Zustand $|\psi>$, den wir symbolisch angeschrieben haben, ist eine lineare Überlegung der beiden Basiszustände $|0>$ und $|1>$. Die allgemeine Form eines solchen Zustands lautet $|\psi> = a\,|0> + b\,|1>$, mit komplexen Zahlen a und b, die $|a|^2 + |b|^2 = 1$ erfüllen.

Der Zustand ist nicht entweder $|0>$ oder $|1>$, sondern gleichzeitig in $|0>$ und $|1>$ (siehe »Schrödingers Katze«!). Betrachten wir zwei polarisierte Photonen. Jedes könnte in einem seiner Basiszustände $|0>$ oder $|1>$ sein. Mit

$$|\psi_{2\gamma}> = |0> |1> = |01>$$

symbolisieren wir den Zweiphotonenzustand, in dem das erste Photon im Zustand $|0>$, das zweite Photon im Zustand $|1>$ ist. Eine Basis des Gesamtsystems wird durch die vier Zustände ($|00>$, $|01>$, $|10>$, $|11>$) bestimmt und ein allgemeiner 2-Photonenzustand ist gegeben durch

$$|\psi> = a|00> + b|01> + c|10> + d|11>.$$

Nun können wir das klassische Beispiel der »Handschuhe« auf ein Photonenpaar anwenden, das wir im Zustand

$$\psi> = \sqrt{\frac{1}{2}}(|0> |1> - |1> |0>)$$

zu Hause haben. Nehmen wir ein Photon davon mit (ohne die experimentellen Probleme dabei zu bedenken) und messen die Polarisation dieses Photons weit weg von zu Hause. Wir haben den Zustand so präpariert, dass wir $|\psi>$ mit gleicher Wahrscheinlichkeit $|0>$ oder $|1>$ messen. Nach der Messung können wir sicher sein, dass das zu Hause gebliebene Photon entsprechend im Zustand $|1>$ oder $|0>$ ist.

Wir sehen den Unterschied zur klassischen Korrelation: Stets war der rechte Handschuh in der Manteltasche und der linke zu Hause. In der Quantentheorie hat aber zunächst keines der beiden Photonen einen wohlbestimmten Zustand. Erst durch dir Messung gelangt das gemessene Photon zufällig in einen der möglichen Zustände, und augenblicklich ist das andere dann, bei der hier besprochenen Situation, im dazu orthogonalen Zustand. Dies ist im Wesentlichen der Inhalt des berühmten Gedankenexperiments von Einstein, Podolsky und Rosen.

Kann man diese Eigenschaft sogenannter »verschränkter« Photonenpaare ausnützen, um Nachrichten zu schicken, die augenblicklich beim Empfänger ankommen? Leider geht das nicht, denn bei jeder Messung findet man zufällig das Photon im Zustand |0 > oder |1 >, und das Photon beim Empfänger ist der dazu orthogonale Zustand |1 > oder |0 >. Eine Zufallsfolge von Nullen und Einsen kann gesendet werden, aber Informationen können nicht übertragen werden. Einsteins Relativitätstheorie, die Informationsausbreitung mit Überlichtgeschwindigkeit verbietet, bleibt gültig.

Die Bellsche Ungleichung bestimmt einen maximalen Wert für diese Korrelationen, falls man verborgene Variable als theoretisches Konzept zugrundelegt. Bell untersuchte ein System aus zwei Teilchen, die als real existierend angesehen werden und die nur kausal aufeinander einwirken können, also keine Signale schneller als mit Lichtgeschwindigkeit austauschen. Diese beiden Annahmen zusammen bezeichnet man abgekürzt als Annahme der »lokalen Realität«. Die kanonische Quantenmechanik gemäß Bohr sagt nun vorher, dass der Bellsche Grenzwert in bestimmten Situationen übertroffen werden sollte. Mit anderen Worten, die konventionelle Interpretation der Quantenmechanik erfordert einen hohen Grad an Kooperation (oder »spukhafter Verschwörung«, wie Einstein es nennt) zwischen getrennten Systemen, eine Eigenschaft, die nicht vorhanden ist, wenn lokale Realität vorliegt.

Es sind die verschränkten Zustände, die den Bellschen Grenzwert überschreiten, also den nicht-klassischen, nicht-deterministischen Charakter der Quantenmechanik demonstrieren. Eine anschauliche Vorstellung von der Wirkung eines verschränkten Zustandes gibt folgende kleine Denkaufgabe (S. Popescu, zitiert von Dagmar Bruß in »Quanteninformation«): Zwei Freunde, Alice und Bob, sind in der Gewalt eines Tyrannen, der verspricht, sie freizulassen, wenn sie in mehr als 75 Prozent der Fälle folgende Aufgabe lösen: Zwei Boten sollen Alice und Bob je eine Blume bringen. Die Blume ist rot oder blau. Alice und Bob, die in getrennten Zellen sind, müssen den Boten unterschiedliche Zahlen sagen, etwa Alice 0 und Bob 1, oder umgekehrt, falls beide eine rote Blume erhalten. In allen anderen Fällen sollen ihre Antworten übereinstimmen (das heißt falls zwei blaue Blumen oder eine rote und eine blaue gebracht werden). Alice und Bob können eine Absprache treffen, bevor sie getrennt werden. Die beste Chance scheint darin zu bestehen, dass etwa Alice bei einer roten Blume »0« und bei einer blauen »1« sagt.

Bob könnte dann bei einer roten Blume »1« und bei einer blauen »0« sagen. Dann hätten sie im Mittel in ¾ der Fälle die richtige Lösung. Falls es jedoch Alice und Bob gelungen wäre, vor ihrer Trennung einen Vorrat an verschränkten Zuständen anzulegen, könnten sie diesen Wert überschreiten. Das erste Teilsystem des verschränkten Zustandes bleibt bei Alice, das zweite bei Bob:

$$\psi > = \sqrt{\frac{1}{2}}(|0>_A |1>_B - |1>_A |0>_B).$$

Die Farbe der Blume korrespondiert nun mit einer bestimmten Messvorschrift. Alice und Bob haben jeweils ihre Messrichtungen für den Fall der roten beziehungsweise blauen Blumen festgelegt. Durch die Wahl der Winkel zwischen den vier verschiedenen Messrichtungen lässt sich die Korrelation optimieren und ein Wert von $(2+\sqrt{2})/4$, das heißt etwa 85 Prozent erreichen. Quantenmechanische Korrelation sind also größer als klassische! Alice und Bob kommen frei, weil sie gelernt haben, die Quantenmechanik praktisch anzuwenden.

Wie kann man verschränkte Zustände herstellen?

Mathematisch lässt sich das alles sehr schön beweisen, aber wie kann man verschränkte Zustände im Experiment aufbauen? Dies ist inzwischen fast zur Routine für geschickte Experimentatoren geworden (siehe etwa D. Bruß, »Quanteninformation«). In einem Kristall wird jeweils ein Photon einer bestimmten Frequenz (im UV-Bereich) durch inelastische Streuung in zwei Photonen mit der halben Frequenz umgewandelt. Diese neu erzeugten Photonen bewegen sich entlang Kegeln mit unterschiedlichen Achsen. Bei geeigneter Wahl des Winkels zwischen dem auftreffenden Strahl und der optischen Achse werden die Photonen auf Kegeln mit unterschiedlichen Achsen ausgesendet. In beiden Kegeln sind die Polarisationsrichtungen der Photonen senkrecht zueinander. Die beiden Kegel durchdringen sich, und entlang der Schnittlinien überlagern sich die Photonen der zwei orthogonalen Polarisationen.

Längs dieser Strahlrichtungen gibt es also je ein Photon mit einer Überlagerung verschiedener Polarisationsrichtungen, und beide Photonen zusammen bilden einen verschränkten Zustand. Neben diesen verschränkten Zuständen von Photonen (vergleiche hierzu die Arbeiten von Anton Zeilinger und Harald Weinfurtner) wurden auch schon verschränkte Zustände für weitere physikalische Systeme erzeugt, wie Atome und Ionen.

Verschränkte Zustände sind nicht leicht aufrechtzuerhalten. Die Wechselwirkung mit der Umgebung führt ohne weiteres zur Aufhebung der Verschränkung. Trotzdem gelang es, dieses Phänomen experimentell darzustellen und interessante Anwendungen zu erschließen.

Das Aspect-Experiment

Das EPR-Gedankenexperiment von 1935 wurde durch technische Fortschritte und durch die klare Analyse von Bell schließlich zu einem richtigen Experiment weiterentwickelt.

Im Jahre 1982 beobachteten Alain Aspect und seine Mitarbeiter die Aussendung von Lichtquanten durch Kalziumatome. In dieser Anordnung wurden jeweils Paare von Photonen (Photon A und B), die sich in entgegengesetzte Richtungen bewegten, beobachtet, wenn die Teilchen weit voneinander entfernt waren. Da der Gesamtdrehimpuls zu Beginn und am Ende der Lichtemission gleich null war, müssen die beiden Photonen entgegengesetzt zirkular polarisiert sein. Bei einem dreht sich das elektrische Feld im Uhrzeigersinn, beim anderen im Gegensinn. Durch die Messung einer bestimmten linearen Polarisation bei A (durch eine bestimmte Einstellung des Polarisationsfilters) wird dann das Ergebnis bei B festgelegt. Das Resultat des Experiments zeigte eindeutig eine Verletzung der Bellschen Ungleichung. Der Grenzwert war überschritten. Damit war demonstriert, dass die Quantenmechanik tatsächlich einen im klassischen Sinn unerklärlichen akausalen Charakter besitzt. Auch bei großer Entfernung bleiben die beiden Teilchen stark miteinander korreliert, sie bilden einen »verschränkten« Zustand.

Teleportation

Die Meldungen über gelungene »Quantenteleportation« unter der Donau hindurch rufen Vorstellungen wach von Reisen ohne Zeitdauer zu fernen Welten im All, vom »Beamen« in das Raumschiff »Enterprise«. Was wirklich dahintersteckt, ist nicht ganz so sensationell, aber immer noch merkwürdig und bedenkenswert genug. Wieder müssen wir ein wenig die Symbolik der Quantenzustände bemühen, um die Prinzipien der Teleportation zu erläutern.

Die Quantenteleportation bedient sich der nichtlokalen Eigenschaften verschränkter Zustände. Nennen wir die beiden Partner des Experiments diesmal Alois und Berta. (Üblicherweise wird stets A wie Alice und B wie Bob aus der englischsprachigen Literatur übernommen, aber gegen Alois und Berta ist ja nichts einzuwenden.)

Alois möchte einen unbekannten, das heißt noch nicht vermessenen Quantenzustand aus seinem Labor in das weit entfernte Labor von Berta übermitteln. Schreiben wir

$$|\psi> = a|0> + b|1>$$

für den Zustand (mit komplexen Zahlen a, b und $|a|^2 + |b|^2 = 1$). Eine Messung durch Alois in der Basis ($|0>$, $|1>$) würde mit Wahrscheinlichkeit $|a|^2$ auf das Ergebnis $|0>$ führen und mit Wahrscheinlichkeit $|b|^2$ auf $|1>$.

Wie zuvor können wir uns $|0>$ bzw. $|1>$ als horizontal (bzw. vertikal) polarisierte Photonen oder als nach oben (beziehungsweise nach unten) gerichtete Spinzustände vorstellen. Alois könnte die Wahrscheinlichkeiten bestimmen, wenn er Messungen an genügend vielen identischen Zuständen durchführen könnte. Mit einem einzigen Zustand dagegen geht dies nicht – bei einer einzigen Messung fände man den Basiszustand $|0>$ oder $|1>$, und weitere Informationen könnte man nicht bekommen, weil $|\psi>$ nach der Messung nicht mehr ψ, sondern eben $|0>$ oder $|1>$ wäre.

Nun kommt der verschränkte Zustand aus zwei Teilchen ins Spiel. (Genauer gesagt ist es ein Zustand von zwei Quantenobjekten. Der Kürze halber sagen wir »Teilchen«.) Dieser Zustand wird aufgeteilt: Teilchen 1 kommt zu Berta, Teilchen 2 zu Alois – dabei soll aber die starke Korrelation zwischen den beiden Teilchen erhalten bleiben. Einige Messungen, ein Telefonat von Alois an Berta, ist alles, was noch nötig ist, um folgendes Resultat zu erreichen: Der Zustand $|\psi>$ wird bei Alois zerstört und taucht bei Berta als Umwandlung von Teilchen 1 auf. Im Einzelnen laufen folgende Schritte ab:

Der Zweiteilchen-Zustand der bei Alois (2) und Berta (1) befindlichen Objekte wird in der Form

$$|\psi_{\bar{12}}> = \sqrt{\frac{1}{2}}\{|0>_1 |1>_2 - |1>_1 |0>_2\}_a$$

verwendet. Dieser Zustand beschreibt eine besonders starke Korrelation der beiden Teilchen 1 und 2. (Die Indices [1 oder 2] bezeichnen die beiden Quantenobjekte.) In diesem Zustand hat keines der beiden Teilchen die Polarisation »horizontal« oder »vertikal« (oder den Spin »oben« oder »unten«). Findet man aber bei Teilchen 1 als Ergebnis einer Messung horizontale Polarisation, so ist Teilchen 2 vertikal polarisiert. Ebenso folgt aus dem Resultat »vertikal« für Teilchen 1 »horizontal« für Teilchen 2. Dies gilt auch, wenn die beiden Teilchen weit voneinander entfernt sind. Den maximal korrelierten Zustand $|\psi_{\bar{12}}>$ bezeichnet man auch als »Bell-Zustand«. Es gibt noch drei weitere »Bell-Zustände«:

$$|\psi_{12}^+> = \sqrt{\tfrac{1}{2}}\{|0>_1 |1>_2 + |1>_1 |0>_2\}$$
$$|\phi_{\bar{12}}> = \sqrt{\tfrac{1}{2}}\{|0>_1 |0>_2 - |1>_1 |1>_2\}$$
$$|\phi_{12}^+> = \sqrt{\tfrac{1}{2}}\{|0>_1 |0>_2 + |1>_1 |1>_2\}$$

Eine »Bell-Messung« an einem Zweiteilchen-Zustand führt in einen dieser vier Zustände. Wegen der hochgradigen Verschränkung der beiden Polarisationsrichtungen ist es nicht so einfach, dafür eine konkrete Messanordnung anzugeben.

Einfacher ist dies, wenn man als Basis die vier Zustände

$$|0>_1 |0>_2, |0>_1 |1>_2, |1>_1 |0>_2, |1>_1, |1>_2$$

wählt. Eine Messanordnung, die in einen der vier Zustände führt, besteht zum Beispiel in dem Durchgang jedes Teilchens durch einen Polarisationsfilter. Nach der Messung befindet sich das Zweiteilchensystem in einem dieser vier Zustände. Alois hat nun den Zustand ψ, der teleportiert werden soll – diesen bezeichnen wir als einen Zustand von Quantenobjekt 3 – und Teilchen 2. Alois führt nun eine Bell-Messung an seinen beiden Teilchen 2 und 3 aus, das heißt nach der Messung befindet sich das System der beiden Teilchen in einem der vier Bell-Zustände $|\psi_{23}^+$, $|\psi_{23}^->$, $|\phi_{23}^+>$, oder $|\phi_{23}^->$. Theoretisch ist eine solche Messung einfach, aber tatsächlich erfordert es enormes experimentelles Geschick, sie zu realisieren.

Das Gesamtsystem der drei Teilchen befindet sich zu Beginn der Teleportation im Zustand

$$|\xi_{123}> = |\psi_{12}^-> |\psi> =$$

$$\frac{1}{\sqrt{2}} \{|0>_1 |1>_2 |\psi> - |1>_1 |0>_2 |\psi>\}$$

$$= \frac{a}{\sqrt{2}} \{|0>_1 |1>_2 |0>_3 - |1>_1 |0>_2 |0>_3\}$$

$$+ \frac{b}{\sqrt{2}} \{|0>_1 |1>_2 |1>_3 - |1>_1 |0>_2 |1>_3\}.$$

Die Messung von Alois überführt das System in einen der Bell-Zustände, das heißt das Resultat lässt sich einfach ablesen, wenn wir den Dreiteilchen-Zustand $|\xi_{123}>$ als Kombination der Bell-Zustände schreiben:

$$|\xi_{123}> = \frac{1}{2}\{|\psi_{23}^->[-a|0>_1 - b|1>_1] + |\psi_{23}^+>[a|0>_1 - b|1>_1]$$

$$+|\phi_{23}^->[-a|1>_1 - b|0>_1] + |\phi_{23}^+>[-a|1>_1 + b|0>_1]\}.$$

Jeder der Bell-Zustände wird von Alois mit der gleichen Wahrscheinlichkeit $\frac{1}{4}$ gemessen. Nach der Messung ist also eine der vier Möglichkeiten realisiert. Bertas Teilchen 1 ist jeweils auf Grund der Verschränkung in einem der vier Zustände $[-a|0>_1 - b|1>_1]$ etc.

Wir können die Korrespondenz in einer Tabelle darstellen: ($\binom{a}{b}$ bedeutet $a|0>_1 + b|1>_1$).

Alois-Messergebnis bei Objekt 2,3	Berta-Zustand von Objekt 1
$|\psi_{23}^->$	$-\binom{a}{b} = -|\psi>$
$|\psi_{23}^+>$	$\binom{a}{-b} = \left(\begin{smallmatrix} 1 & 0 \\ 0 & -1 \end{smallmatrix}\right)|\psi>$
$|\phi_{23}^->$	$\binom{-b}{-a} = \left(\begin{smallmatrix} 0 & -1 \\ -1 & 0 \end{smallmatrix}\right)|\psi>$
$|\phi_{23}^+>$	$\binom{b}{-a} = \left(\begin{smallmatrix} 0 & 1 \\ -1 & 0 \end{smallmatrix}\right)|\psi>.$

Wir stellen fest, dass nicht nur der Zustand von Teilchen 2 und 3 bei Alois verändert wurde, sondern auch Bertas Teilchen 1 in einen neuen Zustand versetzt wurde. Dies illustriert wieder die »Fernwirkung« der Quantenmechanik. Vielleicht hat Berta von der Messung, die im Labor von Alois durchgeführt wurde, gar nichts bemerkt, trotzdem ist der bei ihr vorhandene Zustand verändert worden.

Berta weiß nicht, welches Messergebnis Alois erhalten hat, aber sie weiß aus der Tabelle, dass ihr Teilchen 1 einen bestimmten Zustand innehat, der vom Resultat im Labor von Alois abhängt. Um die Teleportation zu vollenden, muss Alois eine klassische Botschaft senden, zum Beispiel telefonieren, und Berta das Messergebnis mitteilen. Dann kann Berta aus der Tabelle ablesen, in welchem Zustand sich ihr Teilchen 1 befindet.

Wenn sich herausstellt, dass Alois $|\psi_{23}^-\rangle$ gefunden hat, dann liest Berta aus der ersten Zeile der Tabelle ab, dass sich das Teilchen 1 nach der Messung im gleichen Zustand $\psi\rangle = a|0\rangle + b|1\rangle$ befindet wie das zu teleportierende Teilchen 3 vor der Messung (das Vorzeichen ist irrelevant, da $+|\psi\rangle$ oder $-|\psi\rangle$ dieselben Verteilungen beschreiben). Die Teleportation ist abgeschlossen, denn der Zustand $|\psi\rangle$ von Teilchen 3 ist auf Teilchen 1 übertragen worden. Bei Alois ist natürlich der Zustand $|\psi\rangle$ nicht mehr vorhanden, und auch das verschränkte Teilchen 1 bei Berta befindet sich nicht mehr im ursprünglichen Zustand.

Nur in 25 Prozent aller Fälle findet Alois dieses Resultat. In allen anderen Fällen ist für Berta noch ein kleiner Schritt notwendig, um die Teleportation zu vollenden: Sie muss noch eine einfache Transformation am Zustand durchführen (etwa eine räumliche Drehung um 180°, wenn es sich um polarisierte Photonen handelt) und hat dann bei sich im Labor den teleportierten Zustand. Diese Quanten-Teleportation konnte inzwischen mit Polarisationszuständen von Photonen im Labor realisiert werden (Rom-Experiment von F. De Martini, D. Boschi et al. [1998]; Innsbruck-Experiment von A. Zeilinger, D. Bouwmeester et al. [1997]; link: http://www.vibk.ac.at/c/c7/c704/go/photon/teleport/index.html).

Wenn wir aus diesen sehr einfachen mathematischen Erörterungen wieder auftauchen und uns um ein Fazit bemühen, so müssen wir feststellen, dass die Quantenteleportation doch recht verschieden vom »Beamen« im Raumschiff Enterprise ist. Entscheidend ist, dass bei Sender und Empfänger je ein Teil eines verschränkten Zustandes zweier Quantenobjekte vorliegt. Da makroskopische, klassische Objekte diese Eigenschaft nicht haben, dürfte die Teleportation von Apparaten oder Lebewesen bis auf weiteres dem Bereich der Science-Fiction vorbehalten bleiben. Die instantane Übermittlung von Nachrichten ist ebenfalls nicht möglich. Es muss ja immer eine Mitteilung vom Sender zum Empfänger auf klassischem Wege erfolgen, das heißt die Signalgeschwindigkeit kann nicht höher als die Lichtgeschwindigkeit sein.

Verschränkte Zustände ermöglichen aber eine abhörsichere Form der Nachrichtenübermittlung.

Quantenkryptographie

Quantenkryptographie ist ein Verfahren zur Übertragung einer Abfolge von Zufallszahlen zwischen zwei Stationen. Diese Zufallszahlen können zur Verschlüsselung einer Nachricht verwendet werden.

Mit verschränkten polarisierten Photonen lässt sich eine Folge von Bits übertragen, indem zwischen Empfänger und Sender eine bestimmte Kodierung verabredet wird, etwa 0 für horizontale Polarisation, 1 für vertikale. Entsprechendes lässt sich auch für andere Polarisationswinkel vereinbaren. Empfänger und Sender können nun jeweils in der gleichen Basis die Polarisation eines der Photonen aus dem verschränkten Photonenpaar messen. Damit wissen beide, welchen Zustand das jeweils andere Photon hat, und können ihre Zahlenfolge aus 0 und 1 bestimmen.

Bei bestimmten Winkeln der Polarisationsfilter (etwa $22,5°$) ist die Bellsche Ungleichung am stärksten verletzt. Eine Überprüfung der Bellschen Ungleichung zeigt an, ob die Kommunikation belauscht wurde: Ist die Bellsche Ungleichung verletzt, waren die Photonen verschränkt.

Ein Lauscher im Übertragungskanal würde aber das Photon in einer bestimmten Polarisation messen, das heißt nach der Messung in einen bestimmten Polarisationszustand versetzen. Damit würde die Verschränkung aufgehoben, der Zweiphotonen-Zustand in einen Produktzustand überführt und die Bellsche Ungleichung wäre erfüllt.

Quantencomputer

Man kann die Gesetze der Quantenmechanik ausnutzen, um einen Computer zu konstruieren, der gewisse Rechnungen schneller durchführen kann als ein nach klassischen Prinzipien arbeitender. Ein »Quantencomputer« arbeitet mit Quantenbits (abgekürzt Qubits). Qubits können nicht nur, wie klassische Bits, die Zustände (Werte) 0 und 1 annehmen, sondern es gibt unendlich viele verschiedene Superpositionen. Doch die Information, die in einem Qubit enthalten ist, kann nur durch eine Messung bestimmt werden. Bei jeder Messung erhält man aber einen der beiden möglichen Zustände. Deshalb kann auch ein Qubit nur 1 Bit an Information übertragen.

Die Vorteile des Quantencomputers liegen in den Algorithmen (Rechenvorschriften), die unter Ausnutzung der Quanteneigenschaften ein Problem mit viel weniger Operationen lösen können, als ein klassischer Computer dies kann.

Ein berühmter Algorithmus ist die von Peter Shor entwickelte Methode zur Zerlegung einer gegebenen Zahl in ein Produkt aus Primzahlen.

Kleine Quantencomputer mit einer geringen Zahl von Qubits sind bereits gebaut worden. Der Shor-Algorithmus wurde bei der Zerlegung der Zahl 15 in die Faktoren 3 und 5 erfolgreich angewendet. Das klingt bescheiden und zeigt, dass die Herstellung wirklich leistungsfähiger Quantencomputer noch in weiter Ferne liegt. Zu lösen sind speziell die Fragen, wie man Quantencomputer mit einer großen Zahl von Qubits realisieren kann und wie man die Dekohärenz, also die Störung des Quantenzustands, durch die Ankopplung an die Umgebung vermeidet. Dazu sind noch große Anstrengungen erforderlich.

4 Grenzziehung und Grenzüberschreitung

Die Bedeutung des naturwissenschaftlichen Weltbildes

In den beiden vorangehenden Kapiteln haben wir die Grundzüge der physikalischen Welt kennengelernt, von den größten Gebilden im Kosmos bis zu den kleinsten Bausteinen, den Elementarteilchen. Schon eine einfache Bestandsaufnahme kann uns zum Staunen bringen angesichts der Vielfalt der Formen und Strukturen. So begeistern mich immer wieder die prachtvollen Bilder ferner Galaxien, wie sie uns moderne Teleskope nahe bringen. Noch eindrucksvoller aber erscheinen mir die Erkenntnisse der modernen Kosmologie über die Entstehung und Entwicklung dieser Himmelsobjekte: Wir können verstehen, wie dieser komplexe Kosmos aus einem sehr einfachen Urzustand hervorging, wie sich nach dem Urknall der Formenreichtum in der Materie allmählich bildete. Obwohl die physikalischen Erklärungen nicht den Zauber der unmittelbaren Sinneseindrücke erfassen, sondern die Vielfalt der Erscheinungen auf einfachere und abstraktere Eigenschaften reduzieren, wird meines Erachtens das Staunen über die Welt nicht geringer, wenn wir genauere Einblicke gewinnen, denn der tiefgründige innere Zusammenhang im Kosmos ist nahezu unglaublich.

Ist es nicht eine phantastische Vorstellung, dass all die Sterne in einer 100 000 Lichtjahre großen Galaxie aus einem Bereich stammen, der nahe beim Urknall nicht größer als ein Atom war? Fast noch bemerkenswerter erscheint die Geschichte der Elemente: In den ersten Minuten der kosmischen Entwicklung entstanden die leichten Elemente Wasserstoff, Deuterium, Helium und Lithium, aus denen sich Sterne formten, die in ihrem Inneren die schweren Elemente brauten. Jedes Kohlenstoff- oder Sauerstoffatom auf der Erde stammt aus dem Inneren eines Sterns mit großer Masse, wurde bei dessen Explosion in den interstellaren Raum geschleudert, war beim Aufbau neuer Sterne beteiligt und endete schließlich, nachdem es einige Sterngenerationen durchlaufen hatte, im Sonnensystem. In diesen kosmischen Kreislauf sind auch wir selbst eingebunden, denn jedes Atom in unserem Körper hat diese zehn Milliarden Jahre dauernde Geschichte hinter sich. Unsere materielle Existenz reicht bis an den Urknall zurück, und wir bestehen buchstäblich aus dem Staub von Sternen.

Doch nicht nur materiell, auch strukturell sind wir mit dem Kosmos durch die physikalischen Gesetze und die Naturkonstanten verknüpft, deren Wirkungsweise, Werte und harmonisches Zusammenspiel unsere Existenz erst ermöglicht haben. In den Überlegungen des »anthropischen Prinzips« werden derartige Abstimmungen diskutiert, die fast selbstverständlich erscheinen mögen, denn da wir hier sind, müssen auch die Bedingungen für unsere Existenz erfüllt sein. Trotzdem bieten diese staunenswerten Zusammenhänge auch viel Stoff zum Nachdenken. Diese Überlegungen sollen in den folgenden Abschnitten weiter vertieft werden. Wichtig erscheint mir vor allem eine Schlussfolgerung: Wir nehmen an einem kosmischen Kreislauf teil, der sowohl die Materie, aus der wir bestehen, als auch die Naturgesetze, die uns und unsere Welt strukturieren, umfasst. Schon dadurch erhält das naturwissenschaftliche Weltbild Bedeutung für uns, obwohl für sich betrachtet das kosmische Treiben sinnfrei erscheint. Es kommt auf die Perspektive an, und als Basis unserer Existenz gewinnt die Entwicklung und Organisation der kosmischen Materie durchaus eine gewisse Bedeutung. Freilich können wir den Sinn unseres Daseins darin nicht erkennen. Ist dies überhaupt eine Fragestellung, die im Rahmen der Naturwissenschaft bleibt? Ich glaube, dass man keine naturwissenschaftlich begründete Antwort geben kann, obwohl man aus der Betrachtung der kosmischen Zusammenhänge das Gefühl bekommt, einer Antwort ganz nahe zu sein. Zweifellos verbirgt sich in der Sinnfrage die unausgesprochene Hoffnung, dass unser wirkliches Wesen über das endliche, in Raum und Zeit gefangene Leben hinausweist. Aber schon mit der einfacheren Frage »Warum ist das Universum gerade so beschaffen?« gerät man über physikalische Erfahrungen hinaus in metaphysikalische Bereiche.

Es scheint sehr verführerisch, hinter der kosmischen Entwicklung, gelenkt von ihren raffiniert eingeregelten Kräften und Naturkonstanten, einen Plan, einen zielgerichteten Zweck zu sehen. Der Schöpfer der Welt könnte alles so eingerichtet haben, dass das Universum »eine gastliche Stätte für das Leben wird«, wie es der amerikanische Physiker Freeman Dyson ausdrückt. Die Existenz Gottes als Schöpfer der Welt kann man aber nicht aus naturwissenschaftlichen Argumenten ableiten, denn die Methode der Objektivierung aller Dinge schließt von vornherein aus, dass im physikalischen Weltbild subjektive Strukturen, Geist oder Gott vorzufinden sind. Man kann die Existenz des Schöpfers aller Dinge aber auch nicht mit naturwissenschaftlichen Argumenten widerlegen, denn ein allmächtiger Schöpfer könnte die Welt mit all ihren Eigenschaften ohne weiteres so eingerichtet haben, wie die Physiker sie vorfinden und zu ergründen suchen.

Was bleibt – in dieser Spannung zwischen rationaler Weltergründung und dem religiösen Glauben –, ist das Aufzeigen einiger Nahtstellen, in denen sich die beiden Bereiche fast berühren. Ich habe schon mehrfach erwähnt, wie die kosmologischen Erkenntnisse unseren alltäglichen Erfahrungen widersprechen, speziell Aspekte wie die Entstehung von Raum und Zeit im Urknall und ihr Vergehen im Inneren Schwarzer Löcher. Dies alles befreit uns von der Vorstellung, dass es nur die Ordnung der Dinge in Raum und Zeit geben kann, denn wenn Raum und Zeit sich ebenfalls verändern, dann ist auch eine uns nicht vorstellbare andere Ordnung der Erscheinungen denkbar, die nicht die Begriffe von Raum und Zeit erfordert. Ist nicht diese klare Sicht auf die Einschränkung der uns möglichen Erfahrungen zugleich eine große Befreiung, die den Weg zum Glauben im religiösen Sinne öffnen kann, ohne ständig mit dem gesunden Menschenverstand und den unmittelbaren, naiv-rationalen Welterklärungen in Konflikt zu geraten?

Wir haben auch gesehen, dass die scheinbar festgefügte »reale« Welt letztlich auf dem Grund von nicht wirklich greifbaren Objekten wie Feldern und Strings, die eigentlich Energiekonzentrate sind, errichtet ist – Bausteinen, die eher mathematischen Strukturen oder Ideen ähneln als materiellen Gebilden. Vielleicht kann man sogar sagen, dass im Urgrund aller Dinge ein geistiges Prinzip erkennbar ist und weniger eine materielle Basis. Aussagen dieser Art gehen natürlich über den Bereich des naturwissenschaftlich Begründbaren hinaus, doch will ich in diesem Kapitel einige Grenzübertritte dieser Art wagen.

Fragen und Problembereiche, die sowohl die Religion als auch die Naturwissenschaft herausfordern, führen oft zur Konfrontation von Glauben und Vernunft. Einige dieser Punkte möchte ich im Folgenden aufgreifen und auch der Frage nach dem Verhältnis von Physik und Religion nachgehen. Vielleicht können manche Begriffsbildungen der Physik auch der Theologie zu neuen Bildern verhelfen.

Die bemerkenswerte Struktur des physikalischen und auch des biologischen Weltbildes wird uns dabei stets beschäftigen. Es stellt einerseits eine Konstruktion des menschlichen Geistes dar und andrerseits macht es die Aussage, dass der Geist selbst ein Produkt der Evolution, sogar ein eher beiläufiges ist.

Nahtstellen von Naturwissenschaft und Religion

Der Begriff Religion ist äußerst vielschichtig, und ich will hier auch nicht versuchen, umfassend seine Beziehung zur Naturwissenschaft darzulegen. Lediglich einige wichtige Aspekte will ich herausgreifen.

Die Religion geht von unumstößlichen Glaubenswahrheiten aus und deutet von diesem Zentrum aus die Welt. Zu den Grundlagen der christlichen Religion gehört der Glaube an einen einzigen Gott, der das Universum erschaffen hat und erhält, dazu gehört auch der Glaube, dass Gott mit seiner Schöpfung einen Zweck verfolgt, der mit dem Sinn des einzelnen menschlichen Lebens in Zusammenhang steht, und die Überzeugung, dass unsere wirkliche Existenz über das diesseitige Leben hinausreicht.

Zu einigen dieser Punkte kann auch die Naturwissenschaft Aussagen machen, allerdings nur in der Beschränkung auf die Teilbereiche der Wirklichkeit, die der objektiven Erforschung zugänglich sind. Die Naturwissenschaft ist nicht im Besitz der absoluten Wahrheit, aber in ihrem Bereich beansprucht sie absolute Gültigkeit. Es geht ihr nicht um persönliche Vorlieben für den einen oder anderen Gedanken, sondern um das, was richtig oder falsch ist. Ein Naturgesetz gilt einfach, man hat nicht die Freiheit, ihm zu gehorchen oder nicht. Die Naturwissenschaftler sind sich dessen bewusst, dass es andere Zugangsweisen zur Welt gibt, aber diese anderen philosophischen oder theologischen Betrachtungen können nicht naturwissenschaftliche Ergebnisse verifizieren oder falsifizieren.

Es gibt ganz simple Einwirkungen der Physik auf die Religion: Die Erforschung und Erklärung der Naturphänomene entfernt die Götter aus der Welt, die sonst nötig sind, um zum Beispiel Blitz und Donner, Sonnenaufgang und Sonnenuntergang zu verstehen. Mit zunehmender wissenschaftlicher Erkundung der Welt verfeinern sich auch die Vorstellungen vom inneren Zusammenhang der Phänomene und konzentrieren sich auf grundlegendere Begriffe. Dies könnte ein Prozess sein, der auch in religiösen Vorstellungen ständig weiterführt. Allerdings geschieht das nicht, wenn sich eine Religion im Besitz der unveränderlichen Wahrheit über die Beschaffenheit der Welt glaubt.

Ganz im Gegensatz dazu werden in der Physik ständig Modelle erdacht, im Experiment überprüft und weiterverfolgt oder verworfen. Die Bildung neuer Konzepte und Begriffe ist ein wesentliches Element dieser Methode. Wäre es möglich, Religion in dieser Hinsicht offener zu gestalten? Vielleicht könnten die Bilder, die von ihr verwendet werden, um die Welt verständlich zu machen, ohne Schaden für die Substanz ein wenig modernisiert werden.

Am Beispiel des biblischen Schöpfungsberichts können wir uns mit einem Versuch dieser Art befassen. Denn gerade an diesem Text haben auch die Theologen schon Umdeutungen vorgenommen.

Hier kann man sich die einfache Frage stellen, in welchem Sinne man von Gott als Schöpfer der Welt sprechen soll, wenn man die Erkenntnisse der modernen Naturwissenschaft berücksichtigt. Natürlich ist der biblische Text nicht in erster Linie eine

Aussage über die Welt, sondern vor allem ein Glaubenssatz, der bekräftigt, dass wir unsere Existenz der Schöpfung Gottes verdanken. Doch rein symbolisch, ohne Verankerung in der Welt, sollte man, meine ich, den Schöpfungsbericht doch nicht sehen, denn ohne Bezug zur Welt bliebe das Wirken des Schöpfers nur eine unverbindliche Metapher.

Zunächst einmal ist es doch sehr bemerkenswert, dass die moderne Urknalltheorie sehr gut zu der biblischen Aussage passt, Gott habe die Welt zu einem bestimmten Zeitpunkt aus dem Nichts geschaffen. Im kosmologischen Modell entsteht alles, auch die Zeit, im Urknall, so dass zwar ein Zeitpunkt in der Vergangenheit als Anfang unserer Welt angegeben werden kann, aber kein vor dem Urknall liegender Zeitpunkt. Wenn Gott die Welt geschaffen hat, dann muss er dies laut Urknalltheorie außerhalb von Raum und Zeit getan haben. Diese Schlussfolgerung ist auch theologisch bedeutsam und keineswegs neu: Schon Augustinus hat in seinen »Confessiones« darauf hingewiesen (Augustinus, »Bekenntnisse«, XI. Buch, Kap. 12):

»Siehe, ich antworte dem, der fragt: Was tat Gott, bevor er Himmel und Erde erschuf? Ich gebe ihm nicht die Antwort, die einst jemand scherzweise gegeben haben soll, um der Schwierigkeit dieser Frage zu entgehen: ›Er bereitet denen, die sich vermessen, jene hohen Geheimnisse zu ergründen, Höllen.‹ ... Aber ich nenne dich, unseren Gott, den Schöpfer der ganzen Schöpfung ... Denn gerade diese Zeit ist es, die du geschaffen hast, und es konnten keine Zeiten vorübergehen, bevor du die Zeit erschufst. Wenn es also vor Himmel und Erde keine Zeit gab, wie kann man dann fragen, was du damals machtest? Denn es war kein Damals, wo noch keine Zeit war.«

Für den im Zweistromland zwischen Euphrat und Tigris lebenden Menschen ist das Formen aus Lehm sicher das angemessene Bild, um die Schöpfung darzustellen. Im Lichte heutiger Kenntnisse könnten wir einfach die kosmische Entwicklung und die biologische Evolution auf der Erde als das Mittel betrachten, mit dem der Schöpfer die Vielfalt der Lebewesen und letztlich den Menschen geschaffen hat.

Insofern kann man wohl den biblischen Bericht als eine für die damalige Zeit akzeptable naturwissenschaftliche Erklärung betrachten, ihn aber auch heute mit den aktuellen Erkenntnissen der Naturwissenschaft in Einklang bringen. Denn diese Umdeutung beträfe ja nicht die zentrale Aussage, die vor allem eine Sinngebung bieten soll, nämlich den Menschen als nach Gottes Bild geschaffen darzustellen, als ein Subjekt, das einem einzigen Schöpfer gegenübersteht, nicht einer Vielzahl von Göttern.

Mit der Zielsetzung, die Gegenstände des Glaubens und der biblischen Offenbarung argumentativ nach Gründen, die dafür oder dagegen sprechen, zu betrachten, stehen wir im Gegensatz zu der Haltung, die den Glauben als irrationale Entscheidung sieht, bei der Vernunftgründe nichts zu suchen haben. Diese kompromisslose Haltung, für die etwa der protestantische Theologe Karl Barth steht, ist, wie wir schon gesagt haben, logisch unanfechtbar. Allerdings erscheint sie mir unbefriedigend, denn wenn Gott schon den Menschen mit Bewusstsein und Verstand ausgestattet hat, dann doch wohl, damit wir davon Gebrauch machen und nicht, um den Verstand in entscheidenden Punkten abzuschalten.

Deshalb sollte meines Erachtens auch das religiöse Bekenntnis zur Schöpfung der Welt durch Gott die wissenschaftlichen Erkenntnisse, die wir von der Welt haben, einbeziehen. Sonst wären die Worte »Schöpfer des Himmels und der Erde« nur Worthülsen ohne Realitätsgehalt, und auch der Gott der Bibel eine realitätsferne, blasse Gestalt. Schon die biblische Schöpfungsgeschichte macht Gebrauch von der Naturerkenntnis der damaligen Zeit, so etwa von der Weltentstehungslehre der Babylonier mit deren Bild des Himmelsozeans, dessen Wasser nicht auf die Erde herabstürzen können, weil sie vom Firmament daran gehindert werden.

Bedenken sollten wir auch, dass vor dreitausend Jahren im Zweistromland eine göttliche Offenbarung, in der von Urknall, Quantenfeldern und Evolution gesprochen worden wäre, wohl kaum eine angemessene schriftliche Darstellung gefunden hätte, denn selbst die religiöse Offenbarung musste sich in Bildern ausdrücken, die für den Menschen mit der damals bestehenden Naturerkenntnis verständlich erschienen.

Widerspricht aber die Evolution des Universums, diese Entwicklung vom einfachen Beginn bis zu sehr komplizierten Systemen, nicht der biblischen Darstellung vom einmaligen Schöpfungsbeginn? Auch hier können wir uns mit Hilfe der Physik ein angemessenes Bild machen: Ein Schöpfungsakt, der Raum und Zeit vorausgeht, kann die gesamte Raumzeit auf einmal entstehen lassen, so dass der historische Ablauf nur unserer in Raum und Zeit eingebundenen Sicht der Dinge entspricht. Für den zeitlosen Schöpfer ist sozusagen die komplette Geschichte gegenwärtig. Die Theologen haben hier die Vorstellung einer ständig weitergehenden Schöpfung, einer »creatio continuans« entwickelt. Ihre Aussagen sind also in bester Harmonie mit den neuesten naturwissenschaftlichen Erkenntnissen.

Wie steht es aber mit dem kosmologischen Endzustand? Auf die Dauer gehen alle Energievorräte zur Neige, und die schöne, komplexe Welt, die entstanden ist, muss wieder vergehen. Wir haben schon das trübselige Ende der Welt, wie es von der Physik prognostiziert wird, skizziert: Langsam verdampfende Schwarze Löcher in einem expandierenden Kosmos, der letzten Endes nur noch von langwelliger Strahlung erfüllt ist. Direkt begeistern kann uns diese Vision der Zukunft nicht. Sie führt zur Frage, warum der Schöpfer seine Welt sich zunächst so großartig strukturieren und entwickeln lässt, nur um dann alles wieder in einem sinnlosen Endzustand versinken zu lassen.

Ein weiterer wichtiger Punkt betrifft theologische Aussagen, die eigentlich unserer von der alltäglichen Erfahrung geprägten Intuition widersprechen. Hier könnten manchmal physikalische Bilder und Begriffe für das Verständnis hilfreich sein.

Über die Zeit und wie sie ihren absoluten Charakter verliert, wenn sie im Urknall beginnt und im Schwarzen Loch endet, haben wir schon eingehend gesprochen.

Besonders bemerkenswert ist dabei die auch experimentell bestätigte Konsequenz der Einsteinschen Relativitätstheorie, dass die Zeit, die für einen Beobachter vergeht, davon abhängt, wo er sich befindet oder wie er sich bewegt. Für ein masseloses Teilchen, ein Lichtteilchen etwa, vergeht überhaupt keine Zeit, auch wenn es Milliarden von Jahren von der Quelle zum Detektor unterwegs ist. Für die Eigenzeit des Teilchens sind Aussendezeitpunkt und Empfangszeit dasselbe. Diese zeitlose Existenz kommt allen Dingen zu, die sich mit Lichtgeschwindigkeit bewegen.

Dies hat zwar nicht direkt etwas mit religiösen Aussagen zu tun, aber die Begriffe der Zeit und der Ewigkeit und Zeitlosigkeit spielen auch in der Bibel eine Rolle. Solche Aussagen können wir vielleicht besser verstehen, wenn wir Begriffe dieser Art bereits in der physikalischen Welt verkörpert sehen.

Es gibt noch andere physikalische Erkenntnisse, die ebenfalls unserer Intuition zuwiderlaufen. Die Quantenmechanik beschreibt Vorgänge in der physikalischen Welt mathematisch völlig korrekt und in Einklang mit den experimentellen Resultaten, aber es gelingt uns nicht, ein widerspruchsfreies Bild davon zu entwerfen. Elektronen zeigen Wellen- oder Teilcheneigenschaften, je nach der experimentellen Anordnung. Sind sie nun Welle oder Teilchen? Sie sind etwas, für das keiner der beiden Begriffe zutrifft. Dies erscheint fast wie ein innerer Widerspruch der Quantenmechanik. Aber dieser Widerspruch betrifft nur unsere Intuition, unsere Erwartung, die entweder ein Teilchen oder eine Welle sehen möchte. Der Begründer der Quantenmechanik, der große dänische Physiker Niels Bohr, hat für derartige dem gesunden Menschenverstand widerspruchsvoll erscheinende Phänomene den Begriff der »Komplementarität« eingeführt, wonach die Objekte der Quantenmechanik den komplementären Charakter haben, dass sie scheinbar widersprüchliche Eigenschaften aufweisen. Die aus der Alltagssprache stammenden Begriffe können dem nicht gerecht werden.

Auch die Probleme, in die man gerät, wenn man das eigene subjektive Erleben oder gar das subjektive Selbst der objektiven Außenwelt zuordnen möchte, können in dieser Weise betrachtet werden. Die Bohrsche Idee der Komplementarität kann uns helfen, eine ungetrennte, einheitliche, individuelle Person zu denken, die sich dann in der raum-zeitlichen Perspektive in zwei entgegengesetzte Aspekte aufspaltet – in die biologische »Maschine«, die von den elektrischen und chemischen Prozessen im Gehirn gesteuert wird, und in die subjektive Person, die überzeugt ist, dass sie ein nicht-objektivierbares »Ich« besitzt.

Vielleicht gilt auch für religiöse Aussagen, dass die eigentliche Wahrheit nicht in den Begriffen der Alltagssprache ausgedrückt werden kann und man daher Paradoxien in Kauf nehmen muss.

In der Physik wurden die Eigenschaften der Welt, die unserer Intuition zuwiderlaufen, erst mit den umwälzenden Entdeckungen des frühen zwanzigsten Jahrhunderts gefunden. Zuvor konnte man ohne Schwierigkeiten alle Erscheinungen und Prozesse im Rahmen der klassischen Physik der kleinen Körper und ihrer streng kausalen Wechselwirkungen verstehen. Auf dem Boden dieser klassischen Physik entstand der Gegensatz zwischen Religion und Naturwissenschaften, denn der Anspruch, alles in einem materialistischen und deterministischen Weltbild zu erfassen, ließ keinen Platz für ein frei handelndes Subjekt, geschweige denn für einen Schöpfergott. Mit dem Sturz dieses klassischen Weltbildes hat die Physik ihre Grenzen neu gezogen und damit auch neue Chancen für den Dialog mit der Theologie entdeckt.

Ohne nun weiter im Einzelnen darauf einzugehen können wir feststellen, dass theologische Begriffe wie »allmächtiger Schöpfergott außerhalb von Raum und Zeit«, »Ewigkeit«, »Jenseits« ebenfalls nicht ohne weiteres aus unserer Alltagserfahrung bestimmbar sind. Versuche, sie darin zu verankern, führen zu Widersprüchen. Von der modernen Physik kann man lernen, dass man mit solchen Widersprüchen leben muss, wenn man tiefe Wahrheiten über die Welt erkennen will.

Die Entstehung des Lebens

Die Frage nach der Entstehung des Lebens steht im Brennpunkt des naturwissenschaftlichen und theologischen Interesses, aber ich habe sie in diesem Buch nicht in den Mittelpunkt gerückt, weil ich die Diskussion auf die Fragen der grundlegenden physikalischen Gegebenheiten der Welt konzentrieren will. Zwei bekannte Physiker haben dazu bereits außerordentlich lesenswerte Aufsätze verfasst: Erwin Schrödinger, ein Mitbegründer der Quantenmechanik und Nobelpreisträger des Jahres 1932, hat eine Vortragsreihe in dem Buch »What is life?« dokumentiert. Der in England aufgewachsene und jetzt in den USA lebende Physiker Freeman Dyson, der wesentliche Beiträge zur Quantenelektrodynamik leistete, legte seine Überlegungen in einem Aufsatz mit dem Titel »Why is life so complicated?« vor.

Beide Autoren gehen von grundsätzlichen physikalischen Überlegungen aus, um plausibel zu machen, welche Eigenschaften ein elementares System haben muss, damit es auf die Umwelt reagieren kann, Bestand hat und sich fortpflanzen kann.

Noch ungeklärt ist die Frage, wie aus einem Knäuel von komplizierten Molkülen ein lebendes System entsteht. Wodurch unterscheidet sich ein lebendes System aus vielen derartigen Molekülen von einem unbelebten? Die »Ursuppe«, in der sich zufällig die geeigneten Reaktionen abspielen, ist ein möglicher Weg zur Entstehung der komplexen Molekülstrukturen, die dem Leben als Basis dienen. Auch das Konzept, dass die in der Nanophysik beobachtete Selbstorganisation von Molekülen auf Kristalloberflächen für die Entstehung von Leben verantwortlich sein könnte, wird zur Zeit intensiv untersucht. Wolfgang Heckl, der Generaldirektor des Deutschen Museums, meinte kürzlich in einem Vortrag: »Das Leben wurde nicht in der Ursuppe gekocht, sondern auf einer heißen Platte gebraten.«

Im Wesentlichen besteht Einigkeit unter den Naturwissenschaftlern, dass die Entstehung des Lebens als Folge chemischphysikalischer Prozesse auf der Erde erklärt werden kann, wenn auch noch nicht jetzt und noch nicht in allen Einzelheiten. Es scheint auch so zu sein, dass kosmische Einflüsse dabei unwesentlich und allein Vorgänge auf der Erde von Bedeutung sind.

Die Darwinsche Evolutionstheorie gibt den Rahmen vor, in dem man verstehen kann, wie sich durch zufällige Veränderungen in den Riesenmolekülen der DNS und durch natürliche Selektion der Mutationen im Laufe einiger Milliarden Jahre die Vielfalt der Arten auf der Erde entwickelt hat. Kaum ein Naturwissenschaftler würde heute an diesem Bild zweifeln, obwohl noch nicht alle Details geklärt sind.

Keine unmittelbare Rolle in diesem Geschehen spielt die Kosmologie, wohl aber eine indirekte, denn die Rahmenbedingungen für die biologische Entwicklung auf der Erde werden durch die Zeitskalen festgelegt, die das Werden und Vergehen von normalen Sternen wie unserer Sonne bestimmen. Ein Stern, der im Inneren gleichmäßig Wasserstoff verbrennt, bleibt ein paar Milliarden Jahre in diesem Zustand, bis sein Wasserstoff im Zentrum verbraucht ist. Dann bläht er sich zum Roten Riesen auf und erreicht in relativ kurzer Zeit sein Endstadium als Weißer Zwerg. Wenn die Sonne dieses Stadium erreichen wird, in etwa 5 Milliarden Jahren, dann wird sie mit ihrer äußeren Hülle an die Erdbahn herankommen und die Biosphäre der Erde vernichten.

Das liegt in ferner Zukunft. Insgesamt gesehen aber versorgt die Sonne ihre Planeten mit einem gleichmäßigen Strom von Licht und Wärme über eine Zeitspanne von etwa 10 Milliarden Jahren. Das ist also auch die Zeit, die dem Leben für seine Entwicklung zur Verfügung steht. Jetzt haben wir gewissermaßen Halbzeit. Es ist eine spannende Frage, wie die biologische Evolution weitergehen wird und wie die menschliche Intelligenz die weitere Entwicklung beeinflussen wird. Hoffentlich so, dass das Potential des menschlichen Geistes ausgeschöpft werden kann. Das Problem der explodierenden Sonne werden unsere Nachkommen dann schon lösen.

Ein ganz wesentlicher Aspekt der Evolution ist das Entstehen des menschlichen Geistes. Irgendwann erwies es sich für Lebewesen als vorteilhaft, wenn ihr Gehirn sich vergrößerte, und damit begann die Entwicklung bis hin zum Menschen, der mit Geist und Bewusstsein ausgestattet nun beginnt, die Welt zu erfassen und zu verändern. Wie lange kann das weitergehen? Welche Entwicklungsstufen werden in der Zukunft erklommen?

Amüsante Spekulationen dazu hat Freeman Dyson angestellt. Er fragte sich, ob intelligente Wesen auf Dauer im Universum überleben können. Seine Antwort ist ja, wenn die Lebewesen sich an geänderte Umweltbedingungen beliebig anpassen können, also zum Beispiel im luftleeren Raum zu überleben verstehen. Dann wäre die Besiedlung der gesamten Milchstraße keine Utopie mehr, und explodierende Sonnen verlören ihren Schrecken, wenn man rechtzeitig woandershin fahren könnte. Schließlich aber, in ferner Zukunft, sind alle Sterne erloschen. Die Energiequellen sind versiegt, bis auf gelegentliche Strahlungsausbrüche, wenn Schwarze Löcher kollidieren. Das weitere Überleben hinge nun davon ab, ob es gelänge, diese gelegentlich auftretenden Ereignisse zu nutzen. Intelligente Zivilisationen dieser Zeit hielten meist eine Art Winterschlaf, aus dem sie nur aufwachten, um die Energie solcher Ereignisse zu nutzen. Auf diese Weise könnten sie unendlich lange überleben. Dyson hat ein Universum vor Augen, in dem es nie aufhörende Aktivität und ständige Entwicklung gibt, eine sehr sympathische und optimistische Sicht der Dinge.

Diese Argumente, so spekulativ sie auch sein mögen, deuten auf die erfreuliche Möglichkeit hin, dass nicht allein das biologische Szenario die Zukunft bestimmt, sondern dass die menschlichen Kulturleistungen, die von einer Generation zur nächsten anwachsen und weitergegeben werden, daran mitwirken.

Da die kulturell geprägte Umwelt auf die Selektion wirkt, verläuft die Evolution unterschiedlich, je nachdem, ob sie als Ausgangspunkt eine Hochkultur hat oder nicht. Eine derartige Aussicht mildert das düstere Bild etwas ab, das die Evolution für das Individuum eigentlich bereit hält: Persönliche Fähigkeiten, mögen sie mit noch so viel Sorgfalt ausgebildet und vervollkommnet worden sein, zählen nichts – allein die Weitergabe des genetischen Materials ist von Bedeutung.

Meiner Überzeugung nach weist die Entwicklung von Kultur und geistiger Tradition über die rein biologisch bestimmte Entwicklung hinaus. Der Geist, das Bewusstsein – wie immer man es nennen will – ist durch die biologische Evolution in die Welt gekommen, betrachtet und analysiert nun das ganze Weltgeschehen und beeinflusst es entscheidend mit.

Bewusstsein

Der Geist, der die Welt begreift, ist ein großartiges Geschenk der Natur an uns. Das ganze Universum mit seinen Milliarden von Galaxien und seiner Milliarden Jahre währenden Evolution kann er umfassen. Den Geist selbst aber, unser Bewusstsein, zu verstehen und in Zusammenhang zu stellen mit der Welt, ist eine schwierige Angelegenheit. Aktivitäten unseres Gehirns, von denen wir etwas wissen, wie das Nachdenken über die Welt, Empfindungen oder Gefühle gehören zum Bewusstsein. Daneben gibt es viele andere Aktivitäten des Gehirns, die uns unbewusst bleiben, wie die Regelung der Lebensfunktionen, etwa Verdauung, Herzschlag, Sauerstofftransport im Blut. In unseren Träumen tauchen Bilder aus dem Unbewussten auf und erreichen unser Bewusstsein. Noch zu Zeiten Heraklits hielten die Menschen ihre Träume für ebenso wirklich wie die im wachen Zustand erlebte Welt. Auch die hübsche Anekdote aus dem alten China vom Dao-Weisen spielt darauf an: Chuang-Tzu träumte, er sei ein Schmetterling, der vergnügt von Blume zu Blume fliegt. Als er wieder aufwachte, meinte er seufzend, nun wisse er nicht mehr, ob er Chuang-Tzu sei, der geträumt habe, er sei ein Schmetterling, oder ein Schmetterling, der träume, er sei Chuang-Tzu.

Heutzutage sehen wir die Welt etwas nüchterner als Chuang-Tzu und zählen die Träume von Schmetterlingen und unsere eigenen nicht mehr zur Realität. Im Gespräch mit anderen, durch das Lernen von ihren Erfahrungen und Kenntnissen, können wir uns vergewissern, welche unserer Bewusstseinsinhalte allen gemeinsam sind und deshalb mit der wirklichen Welt zu tun haben und welche ganz privaten Produktionen unseres Gehirns entsprechen.

Unser »Ich-Gefühl«, das, was wir als unser eigenes Wesen empfinden, ist allerdings nicht unmittelbar mit anderen zu teilen. Wir schließen nur von uns selbst auf die Existenz eines subjektiven Bewusstseins bei anderen. Eine weitere chinesische Anekdote erhellt diesen Aspekt sehr schön. Dazu gehört ein berühmtes Bildmotiv, in dem zwei Weise – Philosophen vielleicht, oder Astronomen – an einem Teich stehen und den Goldfischen im Wasser zuschauen. »Sieh nur die Fische im Wasser, wie glücklich sie sind«, sagt der eine. Der andere gibt zu bedenken: »Woher willst du denn wissen, dass die Fische glücklich sind?« Ihm wird erwidert: »Woher willst du denn wissen, dass ich *nicht* weiß, dass die Fische glücklich sind?«

Das subjektive Erleben, das uns als wesentlicher Bestandteil unserer Persönlichkeit erscheint, können wir bei anderen nicht direkt wahrnehmen, wir vermuten lediglich, dass es in Analogie zu unserem eigenen steht. Wie weit die Übereinstimmung geht, ist nicht leicht zu sagen. Fraglich bleibt jedenfalls, wie viel wir über das subjektive Erleben der Fische wissen können; sicher weniger als über das unserer Mitmenschen.

Zweifellos ist das Gehirn die materielle Grundlage unseres Bewusstseins. Elektrische und chemische Prozesse zwischen den Nervenzellen rufen Bewusstseinsakte hervor. Wodurch zeichnen sich die zum Bewusstsein gehörenden Nervenprozesse vor anderen aus? Biologen, Hirnforscher und Neurologen arbeiten mit großem Aufwand daran, spezielle Funktionen des Gehirns darzustellen und sie zu Bewusstseinsvorgängen in Beziehung zu bringen. Es ist ihnen gelungen, die Aktivität bestimmter Hirnareale mit bestimmten Empfindungen oder Willensakten von Versuchspersonen in Beziehung zu setzen. Damit ist auch das Subjekt zu einem Gegenstand der Forschung geworden. Der Biologe Martin Heisenberg spricht vom »empirischen« Subjekt, das der realen Welt angehört und dessen Eigenschaften erforscht werden können: Wie reagiert das Subjekt auf die Reizung bestimmter Hirnregionen, welche Empfindungen kann man im Gehirn repräsentiert sehen? Dabei haben die Neurowissenschaftler schon große Fortschritte erzielt. Falls man der Meinung wäre, das empirische Subjekt sei noch nicht alles, es müsse noch ein existentielles Subjekt geben, etwas, das eigentlich unsere Persönlichkeit erst ausmacht, so käme man in eine schwierige Position: Man müsste angeben, was die Forscher denn ausgelassen hätten bei ihrer Untersuchung des Subjekts. Dadurch wird dieses fehlende Etwas aber schon objektiviert und im Prinzip zum Gegenstand wissenschaftlicher Forschung.

Doch muss man klar die Beschränkung sehen, die in dieser Annahme der Objektivierbarkeit liegt. Naturwissenschaftler fragen so, dass es objektive Aussagen als Antworten gibt. Andere, ebenfalls wichtige Fragen werden gar nicht gestellt. So zielen die Fragen meist auf die Funktion, den Zweck. Wie kommt eine Schmerzempfindung zustande? Wie funktioniert das Farbensehen? Als Antwort finden sie eine funktionale Beschreibung des Schmerzes oder des Farbensehens, aber nicht den Schmerz oder das Farbensehen. Die Erkenntnis, wie etwas in das Bewusstsein gelangt oder aus ihm herausfällt, ist noch nicht eine Antwort auf die Frage, was das Bewusstsein sei.

Warum ist diese Frage so schwierig? Im physikalischen Weltbild sind wir sowohl Teilnehmer als auch Beobachter, die das Ganze geistig zu erfassen suchen. Als Teilnehmer bin ich das empirische Subjekt, das der naturwissenschaftlichen Forschung zugänglich ist, als vorläufiges Endprodukt einer langen Darwinschen Evolutionskette. Als Beobachter, als existentielles Subjekt habe ich Bewusstsein, auch Bewusstsein meiner selbst und dieser Situation. Das existentielle Subjekt kommt in der naturwissenschaftlichen Forschung nicht vor, und man kann natürlich bestreiten, dass da überhaupt etwas ist. Unser »Ich«-Gefühl wäre dann eine Selbsttäuschung, hervorgerufen durch die raffinierte Rückkopplung gewisser Nervenprozesse.

Unser Selbstbewusstsein wehrt sich gegen eine derartige Auffassung. Martin Heisenberg sagt: »Für jeden von uns sind Gefühle, Empfindungen, die wir beim Hören von Musik oder eines Gedichts haben, unsere Gedanken und Erinnerungen real. Sie sind einfach vorhanden, so wie Bäume, Berge, Sonne und Sterne.« Im Vergleich dazu ist die Welt der Physik eine Schattenwelt, fast nur leerer Raum, in dem Systeme von Elektronen und Nukleonen agieren. Wäre es mir möglich, einen Mitmenschen – nennen wir ihn Tristan, damit er uns etwas vertrauter wird – von dem ich ja annehmen kann, dass er ähnliche Empfindungen und Gedanken wie ich hat, bis in die Details seiner Elektron- und Nukleonkonfigurationen zu analysieren, so würde ich nichts weiter finden, als solch ein komplexes System aus Elementarteilchen. Kein Hinweis auf eine spontane Handlung, den Ausbruch eines Gefühls wäre erkennbar. Nach strenger kausaler Abfolge oder nach Wahrscheinlichkeitsgesetzen bedingt eine bestimmte Konfiguration des Nukleonensystems Tristan die nächste. Tristan könnte bei mir dieselbe Analyse durchführen und das Gleiche finden. Dann könnten wir uns dies mitteilen und zu dem Schluss kommen, dass wir beide als Automaten durchs Leben wandeln und dass unsere subjektiven Empfindungen Illusionen sind.

Wir stoßen hier auf eine bemerkenswerte Tatsache: Das Weltbild der Naturwissenschaft, die Beschreibung der erlebten realen Welt, ist um den Preis entstanden, dass sich der Konstrukteur des Ganzen daraus zurückgezogen hat. Ein Beobachter, der sich die Erklärungen ausgedacht hat und der sich das ganze Geschehen bewusst macht, kommt darin nicht mehr vor.

Der österreichische Physiker Erwin Schrödinger (1887–1961) hat deutlich auf diesen Aspekt des physikalischen Weltbilds hingewiesen und betont, dass die Objektivierung eine Vereinfachung des Problems der Welterkenntnis sei, die durch die vorläufige Ausschaltung des erkennenden Subjekts aus dem Komplex des zu Verstehenden erreicht werde. So würden alle Sinnesempfindungen im objektiven Weltbild fehlen, das »farblos, kalt und stumm« sei. Vergeblich suche man nach der Stelle, wo der Geist die Materie bewege. Die Situation ist sogar noch merkwürdiger, denn, so Schrödinger »obwohl das Weltbild selber für jeden ein Gebilde seines Geistes ist und bleibt und außerdem überhaupt keine nachweisbare Existenz hat, bleibt doch der Geist in dem Bild ein Fremdling, er hat da keinen Platz, ist nirgends darin anzutreffen.« Schrödinger führt weiter aus, dass damit auch jeder Versuch, subjektive Aspekte mit in das physikalische Weltbild einzubringen, zu Ungereimtheiten und Widersprüchen Anlass gäbe. Ein vollständiges Weltbild müsste das bewusst erlebende Subjekt nicht ausklammern, sondern mit einbeziehen. Das sei nicht gelungen.

Lassen wir noch einen Physiker zu Wort kommen: Freeman Dyson hat seine Ansichten über Gott, die Welt und den Menschen in einer Reihe von Büchern dargelegt. »Infinite in all directions«

gibt seine Überzeugungen zu diesen Fragen besonders deutlich wieder.

Er sehe die gesamte Entwicklungsgeschichte als eine ständige Zunahme des Einflusses des Geistes oder des Bewusstseins. Der Geist sei sehr geduldig, er habe 14 Milliarden Jahre gewartet, um Mozarts Musik hervorzubringen, zu welchen Entwicklungen er noch fähig sei, das könnten wir nicht erahnen. »Für mich besteht kein Unterschied zwischen diesem geistigen Prinzip und Gott. Wenn der Geist so komplex wird, dass wir ihn nicht mehr verstehen können, dann nennen wir ihn Gott«, so Dyson. »Der Geist, der die Materie kontrolliert, wirkt selbstverständlich in der realen Welt. Gleichzeitig stellt er mein innerstes Selbst dar. Ich habe kein Problem damit, ihm diese beiden Charakteristika zuzugestehen.«

Weiter spekuliert er: »Ich denke, es gibt drei verschiedene Niveaus, auf denen der Geist, das Bewusstsein, in der Welt präsent ist. Die erste Stufe, auf der sich der Geist manifestiert, sind elementare physikalische Prozesse, wie wir sie sehen, wenn wir Atome im Labor untersuchen. Die zweite Stufe ist unsere direkte menschliche Erfahrung unseres eigenen Bewusstseins. Die dritte Stufe ist das Universum als Ganzes.«

Dyson erläutert, dass Atome im Labor sich eher wie aktiv Handelnde und nicht wie träge Substanzen verhielten. Sie träfen in unvorhersagbarer Weise ihre Wahl zwischen verschiedenen Möglichkeiten, ganz wie es die Gesetze der Quantenmechanik erlaubten.

Das Universum als Ganzes sei auch seltsam, mit Naturgesetzen ausgestattet, die es zu einer gastlichen Stätte für das Wachstum des Geistes machten.

Er, Dyson, glaube also, dass Atome, Menschen und Gott teilhätten am Geist, unterschiedlich nur dem Grad nach, aber nicht der Art. Wir stünden sozusagen halbwegs zwischen der Unvorhersagbarkeit der Atome und der Unvorhersagbarkeit Gottes. Atome seien kleine Teile unseres mentalen Apparates und wir seien kleine Stückchen von Gottes mentalem Apparat. Unser Bewusstsein, unser Geist, könne gleichermaßen Signale von Atomen wie von Gott empfangen. Dyson betont: »Ich sage nicht, dass diese persönliche Theologie durch wissenschaftliche Erkenntnisse unterstützt oder bewiesen wird, ich sage nur, dass sie konsistent ist.«

Aus diesen Zitaten sehen wir deutlich, dass das Zusammenwirken des Persönlichen, unseres Selbstbewusstseins, mit der realen Außenwelt schwierig zu analysieren ist. Geistige Phänomene wie »Selbstbewusstsein« oder »freier Wille« werden auf einer anderen Ebene als der naturwissenschaftlichen beschrieben. Die Sprache, in der dies geschieht, hat eine lange Tradition in Philosophie und Theologie, doch die Übersetzung der Begriffe in naturwissenschaftlich greifbare kann sehr leicht scheitern, da die Perspektive der Beschreibung in der Physik und in den Geisteswissenschaften oft völlig unterschiedlich ist.

Eine Symphonie von Mozart könnte ein Physiker als die zeitliche Folge von Luftdruckschwankungen am Ohr der Zuhörer darstellen, aber zweifellos wäre damit das Wesen der Mozartschen Musik nicht erfasst. Andererseits sind Töne physikalisch gesehen nichts anderes als Druckwellen in der Luft, die auf unser Ohr treffen. Ganz analog können wir sagen, dass Bewusstsein und Geist ihre Repräsentation in den elektrischen Strömen und chemischen Reaktionen in den Nervenzellen finden. Aber bei dieser Repräsentation geht doch etwas verloren.

Wie soll man einem System aus Atomen, das sich nach bestimmten physikalischen Gesetzen entwickelt, so etwas wie »Willen« oder gar »freien Willen« zuerkennen?

Schrödinger stellt die Antinomie deutlich heraus, die zwischen subjektiven Empfindungen, unserer Überzeugung, dass wir frei handeln können, und dem durch statistisch-kausale Gesetze festgelegten Molekülsystem »Ich« besteht. Dieser Widerspruch entsteht, weil die physikalische Weltbeschreibung das Subjekt völlig ausklammert. Postulieren wir einen außerhalb der physikalischen Realität existierenden Geist, so bleibt dieser machtlos, ohne Möglichkeit, ins wirkliche Geschehen einzugreifen, seltsam blass und irreal. Dyson umgeht diese Schwierigkeit, indem er »Geist« als eine zusätzliche Eigenschaft der Materie sieht, die schon den Atomen zukommt und in steigender Komplexität zunehmend die Kontrolle über die Materie gewinnt. Diese Ansichten und

Überzeugungen gehen von naturwissenschaftlichen Erkenntnissen aus, aber sie überschreiten natürlich die Grenzen, die sich die Naturwissenschaft mit ihrem Ansatz der objektiven, rationalen Welterklärung gegeben hat.

Wir sehen die Grenzen dieser Weltsicht, aber wir können nicht sagen, ob es noch etwas – zum Beispiel geistige Phänomene – außerhalb dieser Grenzen gibt. Vielleicht lassen sich auch subjektives Bewusstsein, freier Wille, sogar religiöse Erfahrungen eines Tages als Eigenschaften sehr komplexer Zusammenhänge in der realen Außenwelt verstehen.

Wir können nicht anders, als unsere Welterfahrung in Raum und Zeit zu sammeln und zu ordnen und mit Spannung auf weitere Erkenntnisse der Hirnforscher und Biologen zu warten. Aber religiöse Überzeugungen können daneben bestehen und sogar an Kraft gewinnen, da Glaubende die raumzeitliche Ordnung der Dinge als Projektion einer göttlichen Gesamtwirklichkeit sehen können.

Das kosmische Argument

Seit Menschen über das Universum nachdenken, beschäftigt sie auch die Vorstellung, dass der Kosmos einen Schöpfer haben muss. Wie ein präzises Uhrwerk hat der »göttliche Uhrmacher« am Anfang der Zeit seine Welt konstruiert, und nun lässt er sie einfach ablaufen. An diesem beliebten Bild zeigt sich allerdings schon die Schwäche dieser Idee: Auch der kosmische Uhrmacher, der das Universum in Gang brachte, muss einen Vorgänger haben, einen Super-Uhrmacher, der ihn erschaffen hat. Eine Hierarchie von Uhrmachern – ohne Anfang – ist die natürliche Konsequenz dieser Argumentation, wenn nicht an die Existenz eines »ersten Uhrmachers« appelliert wird, im Sinne des aristotelischen »ersten Bewegers«.

Selbst wenn wir diese Vorstellung für absurd halten, bleibt doch die Frage bestehen, wieso es diese Welt eigentlich gibt. Gerade weil wir zunehmend besser verstehen, wie unsere Existenz auf der Erde mit der kosmischen Entwicklung zusammenhängt, ist die Frage nach der Herkunft des Kosmos auch die Frage nach unserem eigenen Ursprung.

Selbstverständlich berührt diese Frage auch viele Kosmologen. Der Verdacht, das Bild des Urknallmodells könnte als Hinweis auf einen göttlichen Schöpfungsakt gesehen werden, ist manchen von ihnen unangenehm, denn auch die Kosmologie soll sich innerhalb der Physik bewegen. Deshalb konstruieren sie immer neue Varianten einer Theorie des kosmischen Ursprungs. Über den wirklichen Anfang der Welt macht ja das einfache Urknallmodell keine Aussage. Es schiebt alle Ursprungsfragen in den singulären Beginn, in dem auch Raum und Zeit entstanden sind. Physikalisch gesehen ist dies einfach der Hinweis, dass die Theorie hier an ihre Grenzen stößt.

Es wurden viele Versuche unternommen, das Weltmodell vollständiger zu beschreiben. Wir haben schon die Vorschläge von Andrei Linde erwähnt, der dem klassischen Urknallmodell eine Phase voranstellt, in der das Universum im Zustand völliger Unordnung beginnt, angefüllt mit fluktuierenden Skalarfeldern, deren Energien alle möglichen Werte annehmen können. Gelegentlich entsteht ein kleiner Bereich, der die sogenannte Inflationsepoche durchläuft und sich um einen riesigen Faktor aufbläht. Andrei Linde hat dieses Bild weiter ausgeführt: Immer wieder könnten durch Quantenfluktuationen Bereiche entstehen, die eine Inflationsepoche durchlaufen. Jeder dieser Inflationskeime führt schließlich zum Start eines neuen »Urknall-Universums«. Andere Gebiete bleiben in der Phase fluktuierender Felder. Auf diese Weise entstehen unendlich viele kosmische Gebiete, Paralleluniversen, die aber wegen der exponentiellen Ausdehnung der Inflationsphase rasch jeden Kontakt zueinander verlieren. Dieses Aufblähen neuer Welten könnte ein kontinuierlicher Prozess sein, ohne Anfang und Ende. Wir leben in der kosmischen »Blase«, die uns günstige Lebensbedingungen bietet, alle anderen sind uns nicht zugänglich. Dies wäre zumindest ein in sich konsistentes Konzept, um den Weltanfang zu beschreiben. Allerdings bedarf dieses originelle Weltbild noch der mathematischen Ausgestaltung.

Bemerkenswert ist auch das Argument von Roger Penrose zur Auswahl des kosmischen Anfangszustands: Unsere Welt wurde als eine von $10^{10^{120}}$ möglichen ausgewählt. Penroses Argument kommt so nahe an einen Gottesbeweis, wie es überhaupt im Rahmen der Physik möglich erscheint, ohne aber wirklich beweiskräftig zu sein, denn die faktische Existenz unserer Welt könnte im Rahmen von Wahrscheinlichkeitsargumenten auch ein ganz unwahrscheinliches Ereignis sein. Immerhin bieten diese statistischen Überlegungen Anlass zum Staunen.

Neuerdings wird versucht, eine Art »Vor-Urknall«-Struktur mit Hilfe der Stringtheorie zu formulieren. Die Popularität dieser rein mathematischen Konstruktionen, die mit großem Anspruch auftreten, sollte aber nicht darüber hinwegtäuschen, dass hier die Anbindung an die Physik noch nicht vollzogen ist. Im gegenwärtigen Status tragen daher diese Theorien wenig zu unserem Weltverständnis bei.

Alle diese Spekulationen über den Anfang des Universums sind Tastversuche in einem Bereich, der unser gegenwärtiges physikalisches Wissen überfordert. Man sollte meiner Meinung nach die Frage nach dem Anfang des Universums ganz in den Bereich der Metaphysik rücken, denn sie ist eigentlich keine physikalische Frage nach dem Zusammenhang von bestimmten Abläufen in der kosmischen Geschichte.

Immerhin zeigen diese spekulativen Versuche, den Ursprung des Universums zu erklären, dass es Denkmöglichkeiten – mathematische Konstruktionen – gibt, die eine rein physikalische Begründung für den Urknall zu geben versuchen.

Seltsamerweise besteht der Wunsch nach weiteren Erklärungen nicht, wenn angenommen wird, dass der Kosmos seit unendlicher Zeit existiert. Es scheint leichter zu sein, dies als befriedigenden Zustand zu akzeptieren. Man könnte allerdings auch in diesem Fall fragen, wieso überhaupt etwas vorhanden ist, und wieso die Welt nach bestimmten einfachen Gesetzen funktioniert.

Hier hat uns die physikalische Methode an eine Grenze unserer Welterkenntnis geführt. Ist es eine absolute Grenze oder eine Schwelle, jenseits der uns eine tiefere Einsicht in die Zusammenhänge der Welt erwartet? Eine letzte, endgültige Erklärung für die Existenz des Kosmos kann wohl nicht aus der physikalischen Beschreibung der Welt abgeleitet werden, denn ohne Zweifel berührt diese Frage meta-naturwissenschaftliche Bereiche.

Zu welcher Geisteshaltung die Suche nach der endgültigen Existenz-Erklärung des Kosmos führen kann, wird sehr hübsch in einer Anekdote über den Schweizer Physiker und Nobelpreisträger Wolfgang Pauli persifliert: Wolfgang Pauli ist gestorben, kommt in den Himmel und will nun vom lieben Gott wissen, wie das alles geht mit dem Anfang des Universums und der kosmischen Entwicklung. »Hier ist die Tafel, bitte sehr!«, sagt er. Der liebe Gott tritt an die Tafel, zögert etwas und beginnt eine Formel anzuschreiben. Sofort springt Pauli auf, packt den Schwamm, wischt die Formel weg und ruft: »Nein, nein! So geht's nicht! Das hab' ich schon probiert.«

Entwickelt sich die Welt nach einem Plan?

Wenn wir die Entwicklung der Strukturen im Kosmos betrachten, so erscheinen zwei Aspekte ganz deutlich: die Entstehung von immer komplexeren Systemen im Laufe der Zeit und die daraus resultierende reiche Vielfalt der Welt.

Die Farbenpracht und der Artenreichtum der Pflanzen- und Tierwelt zeigen uns, dass es offenbar ein Prinzip gibt, nach dem möglichst viele unterschiedliche Erscheinungsformen entstehen sollen. Ein Grundsatz der »maximalen Vielfalt« scheint zu gelten. Hinzu kommt die kosmische Evolution, die aus dem extrem einfachen Anfangszustand im Urknall zu immer feiner ausdifferenzierten Strukturen bis hin zum menschlichen Gehirn führt.

Es liegt nahe, hinter diesen Vorgängen einen Plan zu vermuten oder ein Ziel zu erahnen. Im Rahmen einer naturwissenschaftlichen Diskussion müssen wir uns aber damit bescheiden, das Geschehen zu beschreiben, ohne nach Zweck, Absicht oder Ziel zu fragen. Es gilt naturwissenschaftlich gesehen als unzulässig, wenn man von einem Ziel her nach Begründungen für bestimmte Erscheinungen sucht. So können wir etwa nicht argumentieren, dass die Naturkonstanten deswegen ihre so genau bestimmten Werte haben, weil der Kosmos den Menschen hervorbringen sollte. Zweifellos wirkt die Argumentation sehr verführerisch, wenn man die außerordentlich fein aufeinander abgestimmten Werte der Naturkonstanten betrachtet, die unser Universum ermöglichen. Kleinste Abweichungen würden bereits zu einer wesentlich anders strukturierten Welt führen, in der es wohl kein Leben von unserer Art gäbe.

Wir haben das anthropische Prinzip in seiner »schwachen« Form ausführlich in Teil 2 erörtert: Aus der Existenz intelligenter Wesen kann man folgern, dass das Universum die Eigenschaften aufweist, die mit der Entwicklung intelligenter Wesen verträglich sind. Dies ist nichts weiter als eine logische Konsistenzüberlegung, trotzdem anregend als Hinweis auf manche Zusammenhänge, die von der Physik noch nicht erklärt werden können. Das »starke« anthropische Prinzip, wonach die Naturgesetze so sind, wie sie sind, damit höhere Lebensformen und schließlich der Mensch möglich werden, ist eigentlich kein physikalisches Prinzip, sondern ein religiöses. Wenn wir die etwas blasse Bedingung »Möglichkeit der Entstehung intelligenter Wesen« ersetzen durch die Deutung der extremen Feinabstimmung im Universum als Zeichen für das Schöpfungshandeln Gottes, das auf den Menschen gerichtet ist, wird seine religiöse Aussage besonders deutlich.

Noch einen Schritt weiter in Richtung auf ein religiös-fundamentalistisches Prinzip der Schöpfung geht die These vom »intelligenten Plan« (»intelligent design«), die vor allem in den USA viele streitbare, vor allem aus den Reihen der Kreationisten kommende, Anhänger hat. Sie argumentieren im Wesentlichen mit dem starken anthropischen Prinzip: Die sehr spezielle Form der Naturgesetze und die präzise aufeinander abgestimmten Naturkonstanten sind so bemerkenswert und unwahrscheinlich, dass man einfach eine »Superintelligenz« annehmen muss, die geschickt alles passend eingerichtet hat. Obwohl diese These im naturwissenschaftlichen Gewand erscheint, ist sie eine Glaubensaussage, die durch naturwissenschaftliche Argumente weder bewiesen noch widerlegt werden kann. Besonders heftig wird unter diesem Aspekt die Darwinsche Evolutionstheorie bekämpft, etwa mit den Argumenten, dass niemand wirklich die Entwicklung der verschiedenen Arten gesehen habe, und dass manche Arten, wie die Krokodile, sich über Jahrmillionen gar nicht weiterentwickelt hätten. Unbestreitbar sind das korrekte Anmerkungen, ebenso wie es auch legitim ist, eine wissenschaftliche Theorie der Kritik zu unterziehen. Zwei Punkte sollte man aber nicht aus den Augen verlieren: Einmal zweifelt kaum ein Naturwissenschaftler an den Prinzipien der Darwinschen Theorie, auch wenn manche Einzelheit noch nicht geklärt ist, denn ihr Grundgedanke ist eigentlich eine logische Selbstverständlichkeit: »Wahrscheinlich geschieht das Wahrscheinlichere«. Kleine Schwankungen im Erbgut, die ihren Trägern eine etwas bessere Überlebenschance geben, führen dazu, dass sich diese Mutationen bei einer insgesamt zahlreichen Nachkommenschaft allmählich etablieren.

Es scheint Naturkonstanten zu erfordern, die in einem sehr engen Bereich festgelegt sind, damit eine kosmische Entwicklung bis hin zur Entstehung des Menschen möglich wird, und dies hat sogar einige Physiker zu religiösen Folgerungen bewegt. Man muss nur klarstellen, dass man sie nicht als naturwissenschaftliche Argumentation ausgeben kann.

Im Rahmen der Religion und Metaphysik hat das starke anthropische Prinzip seine Berechtigung, aber nicht im Rahmen der Physik. Es hat durchaus etwas anti-physikalisches an sich, denn die Hinweise auf kosmische Feinabstimmungen werfen zwar interessante physikalische Fragen auf, doch wird keine physikalische Antwort, sondern eine anthropische Erklärung gegeben und damit die Suche nach einer vielleicht vorhandenen physikalischen Herleitung gar nicht begonnen. Statt dessen sollten die Physiker die anthropischen Argumente als Aufforderung zu weiterer Forschungsarbeit sehen und nicht zu schnell aufgeben.

Als Gegenströmung zum »starken« anthropischen Prinzip, das den Menschen nicht mehr als Randerscheinung im Kosmos, sondern als Ziel der kosmischen Entwicklung betrachtet, wurde die Vorstellung der »parallelen Universen«, oder des »Multiversums«

entwickelt. Es ist kein Wunder, so wird argumentiert, dass wir ein Universum vorfinden, das auf uns abgestimmt scheint, denn alles was physikalisch möglich ist, existiert auch wirklich, aber eben in einem anderen, von uns getrennten Universum. Unter diesen vielen möglichen Welten befindet sich auch die für uns geeignete, die »beste aller möglichen Welten«.

Eine mögliche Begründung für die Existenz der Paralleluniversen wird in der Tatsache gesehen, dass offenbar in der Stringtheorie viele verschiedene Grundzustände oder Vakua erwartet werden. Jeder Vakuumzustand – ihre Zahl wird auf etwa 10^{500} geschätzt – sollte sich gemäß dieser Theorie in einen eigenen Kosmos entwickeln. Allerdings weiß niemand, ob unser Universum wirklich unter diesen mathematischen Lösungen eine Entsprechung findet. Abgesehen davon, dass die Namensgebung wenig sprachliches Feingefühl verrät, sind diese Überlegungen auch verdächtig durch ihre bizarre Vervielfältigungsstrategie.

Was bleibt schließlich als Argument für eine Orientierung der kosmischen Entwicklung, wenn wir innerhalb der Naturwissenschaft danach fragen?

Ein Schöpfungsprinzip

Weder das kosmologische Argument, noch die Erörterungen des Multiversums und des »starken« anthropischen Prinzips bleiben innerhalb der Grenzen der naturwissenschaftlichen Erkenntnis. Als metaphysikalische Fragezeichen bieten sie gewiss Anregungen zu weiterem Nachdenken.

Hier möchte ich nun als Beitrag zu dieser Diskussion ein physikalisch motiviertes Schöpfungsprinzip zur Sprache bringen (siehe dazu das im Literaturverzeichnis erwähnte Buch von Peter Kafka). Das Bild, das ich im Folgenden darlegen will, ist eine Verallgemeinerung der Darwinschen Theorie der Evolution der Arten, eine Verallgemeinerung auch der Idee der »Selbstorganisation der Materie«, die angereichert wird mit quantenmechanischen Konzepten. Trotz der Nähe zur naturwissenschaftlichen Argumentation handelt es sich um eine höchst spekulative Skizze, allerdings nicht ohne Bedeutung und intellektuelles Vergnügen.

Die Darwinsche Theorie beschreibt die Entwicklung der Arten als eine Folge von spontanen Veränderungen im Erbgut (Mutationen) und nachfolgender Selektion im Kampf ums Überleben. Mutationen sind »Quantensprünge«, das heißt zufällige, makroskopisch nahezu unmerkliche Veränderungen in den Riesenmolekülen des genetischen Materials. Diese Idee versuche ich nun auf allgemeinere quantenmechanische Systeme auszudehnen: Wie wir gesehen haben, ist quantenmechanisch die Entwicklung in der Zeit nicht völlig durch die vorhergehenden Zustände festgelegt wie in der klassischen Physik, sondern nur in einem statistischen Sinne. Von einem bestimmten Zustand aus sind im nachfolgenden Zeitschritt verschiedene Zustände möglich. Das System geht zufällig in einen dieser möglichen Zustände über, allerdings nicht in chaotischer Weise, sondern bestimmt durch eine Wahrscheinlichkeitsverteilung. Wenn wir viele Male den gleichen Zustand beobachten, so stellt sich heraus, dass die Folgezustände mit verschiedener Häufigkeit auftreten, entsprechend der Wahrscheinlichkeitsverteilung, die sich aus den physikalischen Gesetzmäßigkeiten ergibt. Denken wir etwa an den radioaktiven Zerfall des Urans, so kann das einzelne Uranatom sofort oder erst in Millionen von Jahren zerfallen. Das einzelne Atom zerfällt zufällig und unvorhersagbar. Für eine bestimmte Menge Uran, das aus sehr vielen Atomen besteht, stellt sich aber das charakteristische Zerfallsgesetz ein.

Ein quantenmechanisches System besitzt also einen Raum von Möglichkeiten, aus denen es im Laufe seiner raumzeitlichen Entwicklung auswählt.

Jede einzelne Auswahl ist die Verwirklichung einer möglichen Konfiguration in Raum und Zeit. Ein derartiges Ereignis wird von den im Raum der Möglichkeiten vorhandenen Zuständen und durch das in der Vergangenheit ausgewählte Faktische bestimmt.

Wenn wir das gesamte biologische Leben auf der Erde als ein quantenmechanisches System betrachten, so ist natürlich das einzelne, zufällige Auswahlereignis fast unmerklich. Ständig wird durch das »Tasten« des Systems im Raum der Möglichkeiten Neues ausgewählt und, wenn es überleben kann, als Baustein bleiben, der dem System Zugang zur Verwirklichung neuer Formen bietet.

Die gesamte Wirklichkeit, das ganze Universum, wollen wir nun ebenfalls in kühner Spekulation als ein derartiges System ansehen, das sich im Raum der Möglichkeiten vorwärtstastet. Dieser Raum der Möglichkeiten ist unglaublich reich und vielfältig. Er enthält die Ideen körperlicher und geistiger Art, wie etwa auch mathematische Gebilde, einfach alles, was die grundlegenden Gesetze zulassen würden. In diesem Bild wäre die eigentliche »Schöpfung« die Erschaffung dieses Raums der Möglichkeiten. Alle Konfigurationen und Gestalten darin sind zeitlos, einzelne davon werden vom System Universum im zeitlichen Fortschreiten ausgewählt und verwirklicht. Dabei tastet das System durch die ständig vorhandenen quantenmechanischen Schwankungen mögliche Konfigurationen ab, die dem gerade verwirklichten Zustand so nahe benachbart sind, dass sie durch eine unmerkliche Änderung der Systemgrößen, etwa der Energie, erreichbar werden.

Kurz nach dem Urknall, in der heißen und gleichförmigen Frühphase des Universums, gab es nur eine geringe Auswahl benachbarter Zustände. Die Entwicklung verlief nahezu deterministisch. Mit fortschreitender Expansion und Abkühlung wuchs die Zahl und Komplexität der Formen, die verwirklicht werden konnten. Atomkerne, dann Atome, schließlich Galaxien, Sterne und Planeten konnten entstehen.

Das Leben auf der Erde entwickelte sich dann nach dem gleichen Schöpfungsprinzip, das einfach besagt: »Wahrscheinlich geschieht das Wahrscheinliche«. Die Verwirklichung der Formen und Gestalten, die als mögliche Konfiguration angelegt sind, geschieht demgemäß zufällig, bestimmt durch eine Wahrscheinlichkeitsverteilung, die in den Grundgleichungen begründet ist. Verschiedene Formen werden vom System mit unterschiedlichen Wahrscheinlichkeiten erfasst. Unter diesen gibt es besonders anziehende, denen sich das System aus verschiedenen Zuständen durch kleine Schwankungen nähert. Dieses Verhalten kennen wir aus der Physik nichtlinearer Prozesse. Hier sind komplexe Muster bekannt, die im Grenzbereich zwischen starrer Ordnung und chaotischem Verhalten entstehen und nicht völlig stabil sind, aber doch eine gewisse Zeit Bestand haben. In der Physik bezeichnet man diese Zustände als »seltsame Attraktoren«. Sie wirken anziehend auf das System, das sich wie in einem Gleichgewichtszustand in der Umgebung dieser Attraktoren aufzuhalten versucht. Obwohl die Grundgleichungen auch diese speziellen Strukturen beschreiben, sind die Attraktoren so komplex, dass sie selbst in einfachen nichtlinearen Systemen nur experimentell entdeckt worden sind. Das Klima der Erde ist ein Attraktor des Wetters, die Gesundheit ein Attraktor der komplexen Regelungsvorgänge im Menschen.

In diesem Bild gibt es die Wirklichkeit, es gibt Möglichkeiten, die es »wirklich« geben kann, es gibt Möglichkeiten, die noch nicht oder nicht mehr zu verwirklichen sind. Jeden momentan verwirklichten Weltzustand können wir als Punkt im unermesslichen Raum der Möglichkeiten ansehen. Die kosmische Geschichte vom Urknall bis zur Gegenwart ist eine einzige Linie unter vielen anderen möglichen – vielleicht nicht einmal die »beste aller möglichen«. In jedem Zeitpunkt wird ein relativ wahrscheinlicher Zustand ausgewählt und realisiert. Die Wirklichkeit erscheint im Rückblick in der Menge aller Möglichkeiten extrem unwahrscheinlich, doch dies ist kein Problem, denn eine bestimmte kosmische Geschichte musste ja geschehen.

Mit den Annahmen, die uns zu diesem Bild führten, wird also das genannte Schöpfungsprinzip zu einer logischen Selbstverständlichkeit. Ganz offensichtlich ist es nun so, dass immer komplexere Gestalten aus dem Raum der Möglichkeiten erfasst werden, dass die zufälligen Schwankungen des Systems »Universum« nicht zurückführen in einfache Strukturen, wie etwa ein thermisches Gleichgewicht. Dies liegt zum einen an den Randbedingungen – der fortschreitenden Ausdehnung und Abkühlung des Kosmos, die immer schwächere Wechselwirkungen und differenziertere physikalische Prozesse zur Geltung bringen. Zum anderen ist es wohl so, dass komplexere Zustände im Raum der Möglichkeiten relativ wahrscheinlicher und nach ihrer Verwirklichung auch entwicklungsfähiger sind. Immerhin hat der Pfad im Raum der Möglichkeiten bis zum Menschen und bis zu so hochkomplexen Strukturen wie dem menschlichen Gehirn geführt.

Das seelisch-geistige Geschehen in uns ist nicht von grundsätzlich anderer Natur als all die anderen »realen« Vorgänge im Universum. Gefühle und Gedanken umkreisen attraktive Ideen und erreichen ab und zu spontan noch attraktivere, auf höherem Komplexitätsniveau, aber nach dem gleichen Prinzip, das wir bei der Entwicklung der Materie zu immer raffinierteren Molekülen und bei der Entwicklung der Arten zu einer immer komplexeren Biosphäre beobachten. Alles, was die Naturwissenschaftler »wirklich« nennen, existiert als Objekt in Raum und Zeit, doch diese Wirklichkeit ist nur ein winziger Ausschnitt aus dem Reich der Möglichkeiten, man könnte auch sagen, aus dem Reich der geistigen Gestalten im Sinne platonischer Ideen.

Hat aber die Materie, so wie sie in einem Menschen organisiert ist, überhaupt die Chance, diese unermesslichen Möglichkeiten der geistigen Gestalten zu erfassen? Ein einfaches Beispiel sollte uns dies klarmachen. Wir können versuchen, uns die Vielzahl der möglichen Verknüpfungen von Nervenzellen in einem menschlichen Gehirn zu veranschaulichen: etwa 10 bis 100 Milliarden Nervenzellen, von denen jede mit etwa 10 000 anderen verknüpft ist. Die »Information«, die in einem solchen System enthalten und aktiv sein kann, erahnen wir, wenn wir einfach abschätzen, wie viele verschiedene Beziehungsmuster durch Verbindungslinien zwischen Punkten hergestellt werden können. Zwischen zwei Punkten können wir eine Linie ziehen oder nicht. Bei drei Punkten können wir auf drei Arten eine Linie ziehen, oder zwei Linien, ebenfalls auf drei Arten, dazu drei Linien oder keine. Es gibt insgesamt acht Möglichkeiten. Bei vier Punkten kommen wir auf 64 Möglichkeiten, bei fünf auf 1024. Wieviele Punkte müssen wir wählen, damit die Anzahl der verschiedenen Punktverbindungen größer wird als die Anzahl der Atome innerhalb des beobachtbaren Universums? Es genügen 24! Die Beziehungen zwischen den Nervenzellen sind so ungeheuer viele, dass ein unermesslicher Reichtum an geistigen Formen angenähert werden kann.

Wäre es nicht eine schöne Idee, die individuelle Persönlichkeit, das subjektive »Ich«-Bewusstsein jedes Menschen – sagen wir einfach seine »Seele« – als Attraktor im Raum der Möglichkeiten zu deuten? Der in Raum und Zeit existierende »Leib« versucht, sich ihr im Verwirklichungsprozess, das heißt im Fortschreiten in der Zeit, anzunähern. Warum sollten wir nicht im Urgrund all dieser Attraktoren, dieser anziehenden Gestalten, im Reich des Geistes, das Göttliche erkennen? Hat nicht die Einsicht monotheistische Anklänge, dass *ein* Schöpfungsprinzip wirkt – vom Urknall bis zu der Struktur unseres Gehirns und bis zu den menschlichen Errungenschaften der Sprache und Kultur? Das ist wohl die Grenze, bis zu der wir mit spekulativen, aber auf naturwissenschaftlichen Erkenntnissen basierenden Überlegungen kommen. Unser Bild geht schon über eine rein naturalistische Deutung hinaus, obwohl wir alles Geschehen als »natürliches« verstehen.

Es ist auch klar ersichtlich, dass dieses Bild verträglich und in bester Harmonie mit religiösen Vorstellungen ist. Der Pfad der Verwirklichung des Universums im Raum der Möglichkeiten kann als Spur und Zeichen des transzendenten Schöpfers im Bereich seiner Geschöpfe gedeutet werden.

Synopsis

Die Welt, in der wir leben, ist seltsamer, als wir auf den ersten Blick sehen können. Sobald wir über unsere vertraute Umgebung hinausschauen, sowohl zu den riesigen Strukturen der Galaxienhaufen im Universum wie auch in die kleinsten Bereiche des subatomaren Kosmos, erkennen wir Eigenschaften der realen Außenwelt, die unsere Alltagserfahrung weit überschreiten, teilweise unserer Intuition zuwider laufen und unsere Vorstellungskraft herausfordern. Unsere solide Alltagswelt wird getragen von einem Untergrund aus Feldern und Teilchen, die sich gemäß der Quantenphysik in merkwürdig nicht-objektiv beschreibbarer Weise verhalten. Die tiefgründigen Konzepte der Stringtheorie schließlich führen alles auf die Schwingungen kleiner »strings«, also Saiten, zurück, die völlig immateriell außerhalb der üblichen Raum- und Zeitkategorien existieren.

Es ist ganz und gar nicht klar, wie diese Quantenwelt mit der Alltagswelt zusammenhängt. Deshalb können wir noch kein vollständiges physikalisches Weltbild entwerfen, sondern müssen uns mit einer Zwischenbilanz zufrieden geben.

Unser Sonnensystem befindet sich in den Randbezirken der Milchstraße, die hundert Milliarden sonnenartiger Sterne enthält. Milliarden solch riesiger Sternsysteme sind im Universum vorhanden. Doch alles ist das Ergebnis einer seit 14 Milliarden Jahren andauernden kosmischen Evolution, die zu Beginn nichts weiter war als die gleichförmige Ausdehnung eines heißen Gases. Ganz zu Anfang sind neben Materie und Strahlung auch Raum und Zeit im Urknall entstanden. Hier berühren sich Quantenwelt und Kosmos in einer Weise, die wir noch nicht mit unseren heutigen physikalischen Konzepten beschreiben können. Die kosmische Entwicklung kurz nach dem Urknall glauben wir aber gut zu verstehen.

Unsere eigene Existenz ist eingebunden in einen phantastischen kosmischen Kreislauf: Jedes Kohlenstoff- oder Sauerstoffatom in unserem Körper stammt aus dem Inneren eines Sterns, wo es bei riesigen Temperaturen und Drucken entstand. Bei der Explosion des Sterns wurden die Atome im Raum verstreut und später bei der Entstehung unseres Sonnensystems verwendet. Auch über unseren Tod hinaus bleiben alle diese Atome erhalten. Sie nehmen weiter am chemischen Geschehen auf der Erdoberfläche teil. Was uns ausmacht, sind nicht die Atome, aus denen wir bestehen, sondern das hochkomplexe Muster ihrer Anordnung, die Form, in der die Materie sich organisiert oder organisiert wird.

Ein ganz wesentliches Element des Geschehens im Universum scheint die Entwicklung vom Einfachen zum Komplexen zu sein. Am Anfang war nur ein fast strukturloses heißes Gas vorhanden, doch im Laufe der Zeit entfaltete sich die Welt zu immer größerem Formenreichtum, und sie wird umso interessanter für uns, je mehr wir von ihr wissen. Auch bei nüchterner Betrachtung muss man feststellen, dass der Kosmos wie eine gastliche Stätte für die Entstehung von Leben bereitet ist. Präzise aufeinander abgestimmte Naturkonstanten ermöglichen diese Entwicklung. Die Frage aber, warum das Universum so beschaffen ist, kann innerhalb der Naturwissenschaft nicht beantwortet werden. Nur pseudo-naturwissenschaftliche Argumente, wie das anthropische Prinzip oder die Vielweltentheorie, können weitergehende Aussagen treffen.

Auch wenn es hier noch offene Fragen gibt, so scheint doch im Prinzip die Entwicklung im physikalischen Weltbild festgelegt. Streng kausal oder nach Wahrscheinlichkeitsgesetzen bestimmen die Naturgesetze, wie ein Zustand auf den anderen folgt. Da scheint es zunächst keinen Platz für Freiheit, Gefühle oder Glaubensvorstellungen zu geben.

Doch diese strenge und einschränkende Erklärung der Welt unterliegt selbst starken Beschränkungen. Wenn wir die physikalischen Theorien bis in ihre tiefsten Konsequenzen verfolgen, dann sehen wir, dass sie ergänzt werden müssen: Wenn Raum und Zeit im Urknall entstehen und in den Schwarzen Löchern vergehen, dann kann die in Raum und Zeit geordnete Welt nicht alles sein. Wir sind so beschaffen, dass wir gar nicht anders können, als unsere Erfahrungen in Raum und Zeit zu ordnen, aber unsere Theorien zeigen uns, dass wir Ideen benötigen, die über

Raum und Zeit hinausgehen, um eine vollständige Erklärung zu gewinnen. Natürlich liefert reines Nachdenken keine Sicherheit dafür, dass es wirklich etwas gibt jenseits von Raum und Zeit. Aber die tiefgründige physikalische Analyse schafft Hindernisse beiseite, die es uns zunächst erschweren, solche Möglichkeiten überhaupt zu begreifen. Es ist sehr erstaunlich, dass die Theorie ihre eigene Begrenzung aufzeigt. Wenn die Theorie aber nicht die gesamte Wirklichkeit umfassen kann, dann wird auch der Weg frei zum Glauben im religiösen Sinne, ohne dass dieser ständig mit den eindeutigen Ergebnissen der Naturwissenschaft oder einem schlichten deterministisch-kausalen Weltbild in Konflikt gerät. Dies mag wenig erscheinen, ist aber doch bemerkenswert, denn es erschließt sich ja aus dem Inhalt der Theorie. Zwar gilt dieses Argument nur für unser gegenwärtiges physikalisches Wissen, doch künftige, umfassendere Theorien, die wir jetzt erahnen, deuten an, dass sie eine Wirklichkeit beschreiben werden, die auch jenseits von Raum und Zeit ist.

Ein wichtiger Gesichtspunkt in diesem Zusammenhang ist die Auswirkung des methodischen Ansatzes der Naturwissenschaft: Durch die Beschränkung auf eine objektive Beschreibung der Welt werden, wie wir schon mehrfach besprochen haben, alle subjektiven Gefühle, Empfindungen, ja das Subjekt selbst ausgeklammert. All dies hat keinen Platz im objektiven naturwissenschaftlichen Weltbild.

Nach der gängigen Interpretation der Quantenmechanik scheint es, als könne die objektive Beschreibung gar nicht durchgehalten werden, als sei es vielmehr nur unter Bezug auf das Bewusstsein eines Beobachters möglich, das Resultat eines Experiments festzulegen. Mit schon beachtlichen Erfolgen versucht die Hirnforschung, das ganze menschliche Seelenleben einschließlich des Subjekts aus der objektiven Beschreibung der komplexen Verbindungen zwischen den Nervenzellen abzuleiten. Der Ausgang dieses Versuchs ist ungewiss, aber wir gehen zweifellos spannenden Zeiten entgegen.

Nur nebenbei will ich anmerken, dass es hier einen Konflikt mit der Kopenhagener Deutung der Quantenmechanik gibt: Die objektive Beschreibung des Bewusstseins als Hirnleistung – falls möglich – würde verhindern, dass irgendein quantenmechanisches System Realität würde, denn dazu bedürfte es ja des Bewusstseinsakts eines subjektiven Beobachters.

Es können also nicht beide Ansätze wahr sein, denn dann gäbe es keine Realität und auch keine Hirnforschung.

Der Bauplan des Lebens hat vorläufig seine höchste Stufe im menschlichen Geist, im Bewusstsein, erreicht. Kann die Evolution noch weitergehen? Vielleicht ist die Entwicklung, die zur Entstehung immer komplexerer Systeme führt, noch nicht abgeschlossen. Für den Menschen spielt die biologische Evolution wohl keine große Rolle mehr, denn wir haben die Selektion doch mehr oder weniger hinter uns gelassen. Nun vollzieht sich die Weiterentwicklung über die menschlichen Kulturleistungen, deren Weitergabe von Generation zu Generation gewissermaßen als »objektiver Geist« durch Schrift-, Bild- und Tonaufzeichnungen gesichert wird. Dadurch werden die Gehirne kommender Generationen viel effizienter geprägt, als dies durch biologische Mutation und Selektion möglich wäre. Große Möglichkeiten und Freiheiten deuten sich an. Natürlich bleibt die Unsicherheit, dass wir nur die Möglichkeit sehen, aber keine Gewissheit haben. Mit Unsicherheiten aber müssen wir Naturwissenschaftler immer leben.

Die Reduktion auf biologisch-physikalische Phänomene sagt uns über die Rolle des Geistes in der Welt nicht viel Tröstliches: Die Entstehung des Bewusstseins ist naturwissenschaftlich gesehen ein nebensächliches Ereignis, ein Zufall, der genauso gut hätte unterbleiben können. Immerhin scheint aber die Entwicklung des Gehirns für das Überleben der Spezies ein Vorteil zu sein. Mit dem Erkalten der Sterne und dem Ende der Galaxien in riesigen Schwarzen Löchern geht auch die geistige Welt unter. Obwohl das schon sehr enttäuschend klingt, erfasst es aber vielleicht nicht die ganze Wahrheit, denn das gesamte Bild der kosmischen Entwicklung, die zur Entstehung immer komplexerer Systeme führt, ist ja entworfen vom menschlichen Geist, ist seine Weltsicht. Doch ist es eine Konstruktion, die den Erbauer ausschließt, die dem subjektiven Bewusstsein keinen Platz lässt.

Eine paradoxe Zuspitzung scheint die Situation durch Ergebnisse der modernen Hirnforschung zu erfahren. Diese werden teilweise so interpretiert, dass das Bewusstsein bei Entscheidungen nur eine Nebenrolle spielt, gewissermaßen als Kommentator zu Geschehnissen, die deterministisch auf Grund der elektrischen und chemischen Prozesse im Gehirn ablaufen. Die Befunde werden zurzeit leidenschaftlich diskutiert. Sie illustrieren meiner Ansicht nach besonders eindrucksvoll die Antinomie, die entsteht, weil das Subjekt durch die Methode der objektiven naturwissenschaftlichen Beschreibung aus dem Weltbild ausgeklammert wird.

Persönlich bin ich überzeugt davon, dass die Erfahrungseinheit namens »Ich«, mein subjektives innerstes Selbst, meine Seele, nicht pure Selbsttäuschung ist, sondern über die biologisch-physikalischen Beschreibungen hinausweist. Die biologischen und physikalischen Vorgänge sind Begleiterscheinungen des Lebens, sie sind die Basis, auf der sich der Geist entfaltet, sie sind aber nicht allein bestimmend. Der Physiker Freeman Dyson hat die Entwicklung des Universums als eine stetig wachsende Kontrolle des Geistes über die Materie beschrieben und ein sehr attraktives Bild vom Zusammenwirken der realen, physikalischen Welt und der mentalen Strukturen entworfen. Ob sein Versuch, die Spannung zwischen dem Determinismus der materiellen Realität und der subjektiven Überzeugung von Freiheit zu überwinden, überzeugt, mag dahingestellt bleiben. Dysons Entwurf steht aber nicht im Widerspruch zu naturwissenschaftlichen Erkenntnissen. Auch eine kosmische Moral lässt sich daraus ableiten: Wir sollten alles tun, um die Vielfalt des Lebens und der Natur zu erhalten, damit die Entwicklung der geistigen Welt nicht gestört wird. Wir können nicht ahnen, in welche Bereiche die Entwicklung mentaler Prozesse noch vordringen wird.

Ich glaube auch, dass wir nicht sinnlos und zufällig hier sind, sondern dass wir mit unserem Dasein einen bestimmten Zweck erfüllen, dass dem kosmischen Geschehen ein Plan zugrunde liegt, den wir nicht durchschauen, dessen Ziel aber in der Zukunft liegt.

Begründen im Sinne einer naturwissenschaftlichen Aussage können wir dies nicht, genauso wenig wie wir religiöse Glaubensinhalte daraus ableiten können. Wenn wir die Naturwissenschaft in ihren extremen Konsequenzen ernst nehmen, dann ahnen wir etwas von dem grundlegenden Bauplan der Welt. Aber die Spannung zwischen unseren in Raum und Zeit verhafteten physikalischen Erkenntnissen und den sehnsüchtigen Fragen nach den letzten Wahrheiten unserer Existenz bleibt bestehen.

Literaturhinweise

zur Kosmologie (Teil 2)

Börner, Gerhard: »Kosmologie«, S. Fischer Verlag, Frankfurt am
  Main 2002
- »The Early Universe - Facts and Fiction«, Springer Verlag,
  Heidelberg 42003
- »25 Jahre Kosmologie«, in »Spektrum der Wissenschaft«,
  Dezember 2003
Greene, Brian: »Das elegante Universum«, Goldmann Verlag,
  München 2006
Silk, Joseph: »Die Geschichte des Kosmos: vom Urknall bis zum
  Universum der Zukunft«, Spektrum Akademischer Verlag,
  Heidelberg 1999
Weinberg, Steven: »Die ersten drei Minuten : der Ursprung des
  Universums«, Piper Verlag, München 2001

zur Quantenwelt (Teil 3)

Bruß, Dagmar: Quanteninformation, S. Fischer Verlag,
  Frankfurt am Main 2003
Davies, Paul James William, und Julia R. Brown (Hrsg.): »The
  Ghost in the Atom: a Discussion of the Mysteries of Quantum
  Physics«, Cambridge University Press, Cambridge 1986
Enzensberger, Hans Magnus: »Zugbrücke außer Betrieb«,
  Vortrag an der TU Berlin 1998
  (http://www.mathe.tu-freiberg.de/~hebisch/cafe/zugbruecke)
Genz, Henning: »Elementarteilchen«, S. Fischer Verlag,
  Frankfurt am Main 2003
Heisenberg, Werner: »Schritte über Grenzen«, Piper Verlag,
  München 1977
Schrödinger, Erwin: »Geist und Materie«, Zsolnay Verlag, Wien
  1986

Allgemeines (Teil 1 und Teil 4)

Augustinus, Aurelius: »Bekenntnisse«, 11. Buch, übersetzt von Otto F. Lachmann, Reclam, Leipzig 1888

Dyson, Freeman: »Infinite in All Directions«, Penguin Books, London 1988

Heisenberg, Martin in »Der Mensch und sein Gehirn: die Folgen der Evolution«, hrsg. von Heinrich Meier und Detlev Ploog, Piper Verlag, München 1997

Kafka, Peter: »Gegen den Untergang - Schöpfungsprinzip und globale Beschleunigungskrise«, Carl Hanser Verlag, München 1994

Schrödinger, Erwin: »Was ist Leben?: Die lebende Zelle mit den Augen des Physikers betrachtet«, Piper Verlag, München 2001

Der Krieg der Astronomen ist die Geschichte eines genialen Außenseiters, der mit einer wichtigen Entdeckung zunächst an der Ignoranz und den Vorurteilen eines berühmten Kollegen und des wissenschaftlichen Establishments scheitert. Und es ist die Geschichte eines Meilensteins in der Erforschung des Universums. Der junge Inder Subrahmanyan Chandrasekhar, genannt Chandra (1910 bis 1995), bewies 1930 mathematisch, daß Sterne ab einer bestimmten Größe am Ende ihres Lebens zu unendlich dichten Gebilden zusammenstürzen, die man später als Schwarze Löcher bezeichnete. Nicht nur Einstein bezweifelte, daß dies möglich sei. Der englische Astrophysiker Arthur S. Eddington verwarf 1935 öffentlich Chandras Erkenntnis schlicht als absurd. Praktisch alle Kollegen schlossen sich ihm an. Erst in den sechziger Jahren erkannte man die Richtigkeit und Bedeutung der Entdeckung, für die Chandrasekhar schließlich 1983 den Nobelpreis erhielt.

Arthur I. Miller
Der Krieg der Astronomen
Wie die Schwarzen Löcher das Licht
der Welt erblickten

Gebundenes Buch, 496 Seiten
15 farbige Abbildungen, 21 s/w-Abbildungen
ISBN 3-421-05697-8

www.dva.de

Die Natur hat für viele komplizierte Fragestellungen aus Industrie und Technik ebenso überraschende wie geniale Lösungen parat. Die in Jahrmillionen optimierten »Erfindungen der Natur« bieten einen unerschöpflichen Vorrat an Konstruktionsprinzipien und Verfahren von höchster Wirksamkeit und Leistungsfähigkeit, die als Vorbild für ähnlich gelagerte technische Probleme dienen können. Zwar hat der Mensch sich schon immer am Vorbild der Natur orientiert, aber Bionik ist die systematische Beobachtung und Untersuchung der Problemlösungen der Natur im Hinblick auf ihre Übertragbarkeit auf menschliche Technik und Materialien. Die Bionik kann überdies dabei helfen, in einer Zeit, in der die moderne Technik vielfach an ökologische Grenzen stößt, umweltverträglichere Wege zu finden.

Der Bildband bietet nicht nur eine Fülle von Ideen, er zeigt zugleich die faszinierende Schönheit und Harmonie natürlicher Baumuster, die sich dem Auge oft erst durch die meisterhaften Photographien erschließen.

Kurt G. Blüchel und Werner Nachtigall
Das große Buch der Bionik
Neue Technologien nach dem Vorbild der Natur

Gebundenes Buch, 400 Seiten
720 farbige Abbildungen
ISBN: 3-421-05801-6

www.dva.de